U0246428

“少儿万有经典文库”学术顾问

叶裕民

经济学家

中国人民大学教授、博士生导师

刘冠军

首都经济贸易大学马克思主义学院院长、教授、博士生导师

苟利军

中国科学院国家天文台研究员

中国科学院大学天文学教授

TIAN GONG KAI WU SHAO'ER CAIHUI BAN

天工开物 少儿彩绘版

李劲松 著 奈 亚 绘

图书在版编目（CIP）数据

天工开物：少儿彩绘版 / 李劲松著；奈亚绘 . —南宁 : 接力出版社, 2019.1
（少儿万有经典文库）
ISBN 978-7-5448-5855-7

Ⅰ . ①天… Ⅱ . ①李… ②奈… Ⅲ . ①农业史 – 中国 – 古代 – 少儿读物 ②手工业史 – 中国 – 古代 – 少儿读物 ③《天工开物》– 少儿读物 Ⅳ . ①N092–49

中国版本图书馆 CIP 数据核字（2018）第 287653 号

责任编辑：车　颖　　美术编辑：林奕薇　　封面设计：林奕薇
责任校对：张琦锋　　责任监印：刘　冬
社长：黄　俭　　总编辑：白　冰
出版发行：接力出版社　　社址：广西南宁市园湖南路 9 号　　邮编：530022
电话：010 – 65546561（发行部）　　传真：010 – 65545210（发行部）
网址：http://www.jielibj.com　　E – mail:jieli@jielibook.com
经销：新华书店　　印制：北京尚唐印刷包装有限公司
开本：889 毫米 × 1194 毫米　1/16　　印张：11.25　　字数：150 千字
版次：2019 年 1 月第 1 版　　印次：2022 年 8 月第 6 次印刷
印数：42 001—48 000 册　　定价：88.00 元

序

宋应星（1587—约1666），中国明末著名科学家，字长庚，汉族，奉新（今属江西）人。万历四十三年（1615年）举于乡。崇祯七年（1634年）任江西分宜教谕，崇祯十一年（1638年）为福建汀州府推官，崇祯十四年（1641年）为南京亳州知州。明亡后弃官回乡。他在江西分宜教谕任内著成《天工开物》一书。宋应星一生著述很多，由于他的作品多因强烈的反清思想而为清统治者所不容，故大部分作品已散失。现在保留下来的仅有《天工开物》《野议》《思怜诗》《论气》和《谈天》等。

《天工开物》初刊于明崇祯十年（1637年），1637 年4月由宋应星的友人涂绍煃（字伯聚，1582—1645）资助刊刻于南昌府，故此本称为“涂本”。涂本《天工开物》向来稀见，中国境内现传本原由浙江宁波蔡琴荪的“墨海楼”珍藏，长期不为人们所知，清末时藏书归同乡李植本的“萱荫楼”。1951 年夏，李植本后人李庆城先生将全部珍藏书籍捐献给国家，其中包括涂本《天工开物》，后转由北京图书馆善本特藏部收藏。1959 年，依此本出版了三册线装影印本，印以竹纸，从此国内外人士才有机会得见此书原貌。

《天工开物》是中国古代一部综合性的科学技术著作，有人也称它是一部百科全书式的著作。大约17世纪末，《天工开物》就传到了日本，日本学术界对它的引用一直没有间断过，1771年，出版了最早的汉籍和刻本——“菅生堂本”或简称“菅本”，之后又刻印了多种版本。

19世纪30年代，有人把它摘译成了法文之后，不同文版的摘译本便在欧洲流行开来，对欧洲的社会生产和科学研究都产生过许多重要的影响。

《天工开物》已经成为世界科学经典著作在各国流传，并受到高度评价。法国的儒莲把《天工开物》称为“技术百科全书”，英国的达尔文称之为“权威著

作”，日本学者三枝博音称此书是“中国有代表性的技术书”；英国科学史专家李约瑟博士把宋应星誉为“中国的阿格里科拉”[①]和“中国的狄德罗”[②]。

《天工开物》被后世研究中国古代传统手工技艺的学者奉为经典之作。长期以来，由于这部书内容涉及面很广，且所记述的不少传统手工技艺当今已不多见，故而当代的读者，特别是少儿读者，很难全面深入地理解书中的丰富内容。因此，写一本普及性的书籍来精要介绍《天工开物》，对于这部经典著作的传承、对于当代人全面客观地认知中国古代传统技艺，是很有必要的。

本书的作者李劲松先生，长期以来关注并参与中国传统技艺的研究工作，在研究文献和前人研究成果的同时，勤于田野调查，注重史学研究的多重证据，因而对《天工开物》的理解颇有独到之处。在书中，不仅有对古文字的白话加工处理，更有实地考察的案例佐证，对古人记载的传统技艺描述得生动、到位，大量的第一手图文资料对少儿读者了解和认识传统技艺大有裨益。

经典流传，文脉永昌。接力出版社“少儿万有经典文库”的选题和策划很有创意，选定《天工开物》编写成让少儿读者走进经典的优质读本也很有意义。这部启迪过万千读者的著作，对于孩子们逐步确立文化自觉，将会起到重要的推进作用。

科学史家，国家非物质文化遗产保护工作专家委员会委员

华觉明

2018年7月

① 格奥尔格乌斯·阿格里科拉（拉丁文 *Georgius Agricola*，原名 Georg Pawer），德国学者和科学家，被誉为“矿物学之父”。1494年3月24日生于萨克森的格劳豪，1555年11月21日卒于开姆尼茨。1556年，阿格里科拉的遗作《论矿冶》（*De re metallica*，后边整理为《矿冶全书》）出版，这部著作被誉为西方矿物学的开山之作，这本书大体上反映了文艺复兴时期欧洲的冶金成就，具有重要的文献价值。

② 德尼·狄德罗（Denis Diderot,1713—1784），生于郎格勒，法国启蒙思想家、唯物主义哲学家、无神论者和作家。他最大的成就是主编《百科全书，或科学、艺术和工艺详解词典》（通常称为《百科全书》），被视为现代百科全书的奠基人。

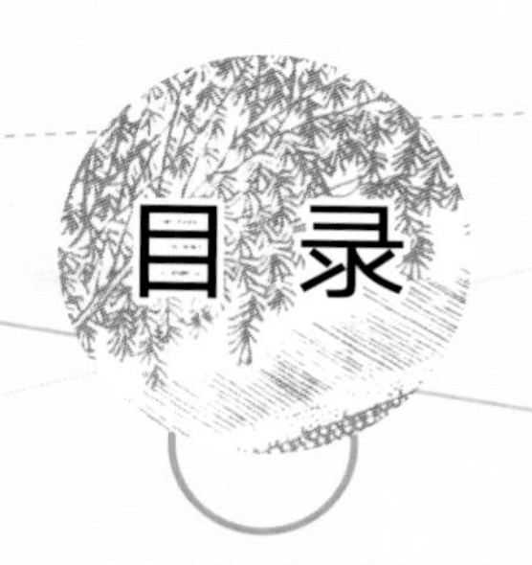

目录

第一部分　宋应星与《天工开物》

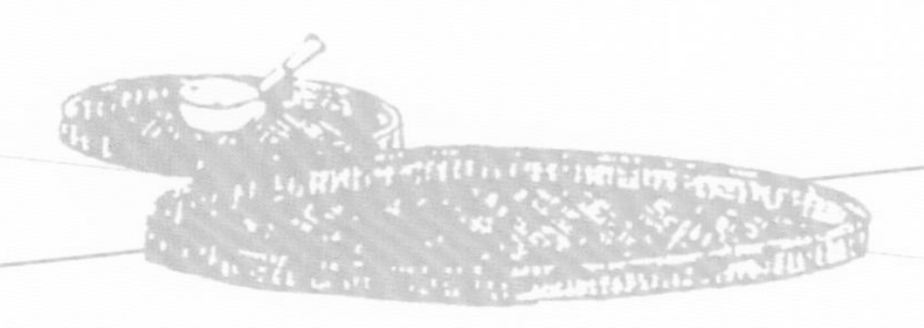

第二部分 民以食为天

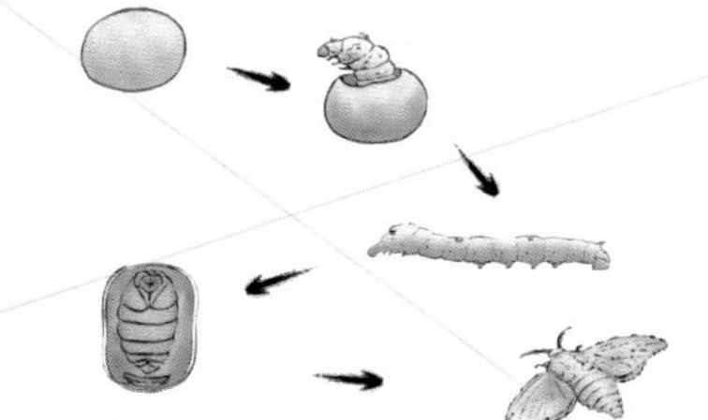

第三部分　乃服衣裳

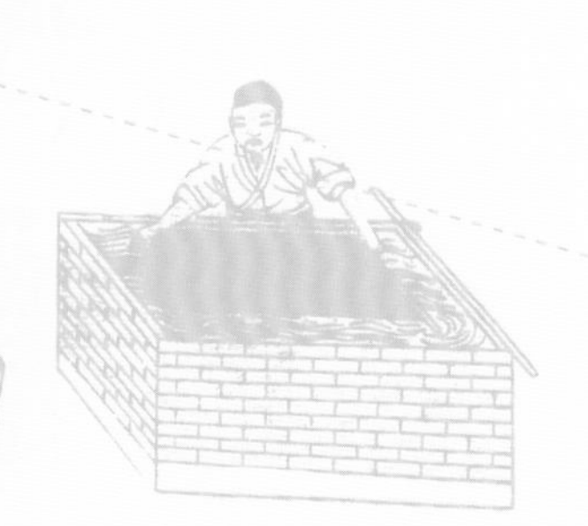

第四部分　纸墨书香，承载文脉

第五部分 铸就辉煌——冶铸技术

第六部分 中国名片陶与瓷

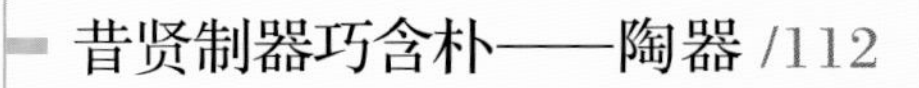

第七部分 十八般兵器与新式枪炮

第八部分 舟车白浪与红尘

第九部分 余音袅袅——《天工开物》的影响

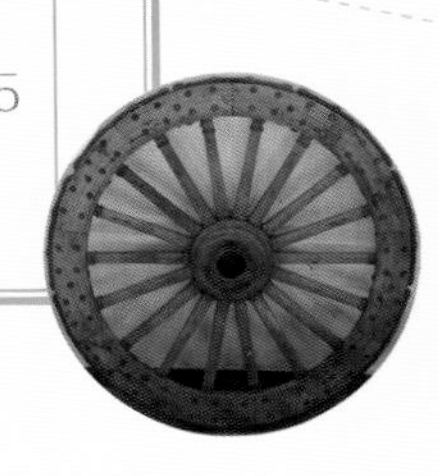

天覆地载，物数号万，而事亦因之，曲成而不遗，岂人力也哉？事物而既万矣，必待口授目成而后识之，其与几何？万事万物之中，其无益生人与有益者，各载其半。世有聪明博物者，稠人推焉。

【注释】天地之间的事物数以万计，因此人们要做的事也有很多，适应事物变化而从事生产，制造种类齐全的各种物品，这都不是只靠人力就能办到的。数以万计的食物，要是都等口授、目见之后再去认识，又能获得多少知识？万事万物之中，对人有益和对人无益的各占一半，只要掌握那些对人有益处的就够了。

第一部分

宋应星与天工开物

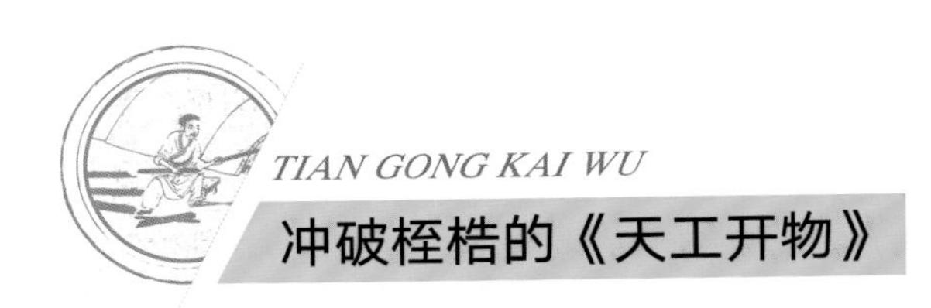

冲破桎梏的《天工开物》

“巧夺天工”和“开物成务”

《天工开物》的书名取自《易·系辞》中“天工人其代之”及“开物成务”，又是用“巧夺天工”和“开物成务”两句古成语合并而成的。“巧夺天工”是指人们用自己的聪明才智和精湛的技艺，生产出的精美物品可以胜过天然形成的；“开物成务”的意思是如果掌握了事物的规律，就能把事情办成。“天工开物”的意思就是：只要丰富并提高自己的知识技能，遵循事物发展的规律，辛勤劳动，就能生产制造出生活所需的各种物品，其精美程度胜过自然天成。

桎梏中的搏杀

明中叶以后，统治阶级在政治上的日趋腐朽，导致社会制度严重限制着我国科学技术的发展。就在这严峻的势态下，一批伟大的学者勇敢地从中搏杀而出。他们秉承了中国古代科学家们的优良传统，学以致用。由于这些学者的杰出贡献，我国古代传统的自然科学技术得以传承和发展。这一时期的许多成就，即便是在当时世界上也是处于领先地位的。明末著名科学家宋应星，便是这些伟大学者的杰出代表之一。

从钟鸣鼎食到食不果腹

曾经的名门望族

宋应星，字长庚，明万历十五年（1587年）生于江西新吴北乡雅溪牌坊村（今宜春市奉新县宋埠镇牌楼村），卒于清顺治年间。

宋应星的家族在元代以前本姓熊，适逢元、明世纪之交的时候，为避战乱，先祖熊德甫改姓其妻姓氏宋，又挂印辞官，举家迁至新吴县雅溪（即潦水）沿岸。

宋应星的曾祖宋景是弘治十八年（1505年）的进士，官位一直做到兵部尚书，死后被赐赠吏部尚书。宋景以后，宋家几代人中均有入仕为官的。直到宋应星的祖父这一辈，宋家一直为当地的名门望族。

家道中落，亲历生产

由于宋应星的祖父早逝，当时其父尚不满周岁，宋家运道开始走下坡路。宋应星的母亲魏氏嫁到宋家不到两年，宋家便遭火灾，从此家道中落。据宋应星的胞兄宋应升记述，当时宋家已没有贴身的仆人，做饭等家务事全由母亲魏氏亲自操持。每当饭菜略有富余时，母亲还能吃顿剩饭，若赶上人多饭不够时，母亲便只能饿肚子。可见当时宋家家境已是相当窘迫了。

这样的生活环境，对宋应星的成长有着很大影响，这使得他从小就与广大劳动阶层的人们有着广泛的接触，并对人们所从事的生产实践活动有着较为深刻的了解。

天生我材必有用

少年聪颖，出口成章

少年时代的宋应星灵敏聪颖，几岁时便能赋诗填词，做文章，而且英气逼人，矫健峻拔，气宇不凡，常令大人们为之赞叹。据说有一次教馆的先生规定学生每天早晨背七篇生文，背不熟自然要受到一番责罚。这天宋应星起晚了没有赶上晨读，而兄长应升早已经背熟了七篇文章。先生见了，便训斥应星，不料他却脱口成诵，七篇文章背得一字不差。先生很是吃惊，问其中缘故，应星跪地向先生陈述道：兄长在背文章时，我听过一遍便熟记在心了。先生闻言，对他超人的天赋惊叹不已，从此对他另眼相看。

宋应星与《梦溪笔谈》

货郎的包装纸

宋应星从小喜爱读书，涉猎极广，对有关生产实践和自然科学的书籍更是兴趣极大。他在15岁那年，听说宋代沈括的《梦溪笔谈》是一部价值很高的科学著作，堪称奇书，从此，他就四处寻觅此书，只盼能一睹为快。可是书铺老板告诉他，现在读书人只知道读四书五经，为的是考取功名，科学方面的书根本无人问津，所以书铺根本就不会进这种书的。

一天，宋应星寻书未果，沮丧地往家走，一不留神撞到一个挑担的货郎身上，货物撒了一地。宋应星连声道歉，赶紧弯下腰帮那位货郎捡回货物，无意间，宋应星看到包货物的废纸上竟有《梦溪笔谈》一行字。这真是“踏破铁鞋无觅处，得来全不费工夫”。宋应星激动得紧紧抓住货郎的衣袖，问他这些包装纸是从哪里来的，并恳求买下这些包装纸。货郎见他爱书心切，就从筐底掏出一本破旧的书给了他，正是宋应星梦寐以求的《梦溪笔谈》！但是只有前半部。货郎告诉他，这书是清早路过南村纸浆店时向店老板讨来的。

池中救书

宋应星闻言，立即狂奔到南村纸浆店。店老板听清楚宋应星的请求后说："你来晚啦！那后半部书已经和别的旧书一起拆散泡入水池，正准备打成纸浆呢。"宋应星急得眼泪都要掉下来了。

他掏出了身上所有的钱，又脱下衣服抵作酬金，恳求老板把书捞上来。老板不解地说："孩子，这一池废书也不值这些钱啊！"

宋应星向老板讲述了自己找这本书的经过。老板被他锲而不舍的求知精神打动了，赶忙找人从水池中散乱的湿纸堆里找齐了那后半部书。

宋应星捧着湿淋淋的书回到家，小心翼翼地一页页分开，晾干，装订好。他终于得到了梦寐以求的书！

《梦溪笔谈》这部科学著作不仅给予宋应星天文、数学、植物、化学等多方面的知识，对他以后的研究兴趣也产生了深刻的影响，为他以后编写《天工开物》一书奠定了坚实的基础。

改良思想的影响

长大一些后，宋应星又求学于新建学者邓良知。而后，又拜在南昌府著名学者舒曰敬的门下求学，与涂绍煃、万时华等人同窗。舒曰敬的这些弟子后来都成了明末时期江西有名的学者。

邓良知、舒曰敬都是进士出身，而且又都是做官时因不满腐败政治而退出官场的正派人物。他们仿效东林党人，以书院讲坛作为据点，教授学生，宣传自己的先进思想。宋应星等人在这些人门下长期受教，自然而然地受到了不少他们政治改良思想的影响，同时，学业也是突飞猛进。

《本草纲目》对宋应星影响深远

在宋应星求学期间，发生了一件我国科技史上的重大历史事件——明末著名科学家李时珍的旷世之作《本草纲目》问世，反响极大。江西巡抚夏良知等人为广泛传播《本草纲目》，便在南昌刊行此书。这部巨著立即在江西风靡一时。求知欲极强的宋应星获得此书后，有如久旱逢甘霖，李时珍求实的科学态度，注重实践的治学方法以及与人们的生产实践活动紧密关联的学术思想，无不与宋应星长期以来的想法相应和，而书中许多他从未涉猎的新知识，又令他感到新奇和兴奋，他对这部著作进行了细致的研读。宋应星后来在《天工开物》中多次引用此书内容，《本草纲目》对宋应星提高对自然界事物的认知方面起到了极大的作用。

踏上科举之路

万历四十三年（1615年），宋应星与哥哥宋应升赴省城南昌参加乡试。考试极为成功，兄弟二人同时中举。参加这次乡试的江西考生有1万余人，只有109人中举，其中宋应星名列第三，宋应升名列第六。一时间，兄弟二人就有了“新吴二宋”之称。

乡试的成功，不仅使宋氏全家高兴异常，也使宋氏兄弟得到了莫大鼓舞，他们决定沿着曾祖宋景的道路，走科举之途，希望能够登科入仕，重振门风。

中举的当年，宋氏兄弟便北上京城，参加全国的会试。这也是宋应星第一次跋涉万里前往京城的远游。然而，事与愿违，兄弟二人均名落孙山。

万里跋涉积累了大量资料

初次会试的失利，并未使宋氏兄弟失去希望，他们决定继续应试。于是，他们先后五次北上考试，然而都未能高中。接连五次落第，宋氏兄弟的希望完全落空了。最后一次应试时，宋应星45岁，已是双鬓斑白的人了。他们宝贵的青春年华，就这样空耗在科举仕途之中。

对宋应星而言，这五次水陆兼程的万里跋涉，也并非一无所获。从另一方面看，这正是他实现自己“为方万里中，何事何物不可见见闻闻”愿望的绝好机会。其足迹遍及北京、江西、湖北、安徽、江苏、山东、河北等地的许多城镇乡村。所到之处，他下田间，进作坊，以极大的兴致对人们的生活和生产活动进行了考察，了解和掌握了大量有关农业、手工业生产技术方面的知识，为其后来《天工开物》等书的编写积累了大量的资料，打下了坚实的基础。

放弃科举，开始搞实业

从宋应星29岁第一次北上参加会试算起，经历了十几个春秋，到他最后一次跋涉万里去京师应试时，已是45岁步入中老年的人了。从沿途耳闻目睹的许多腐朽的社会现象中，他看透了明末政治的黑暗，并进一步认识到了科举制度的腐败。他饱经风雨，苦熬寒窗，由一次次的希望到无一例外的失望，最后终于在绝望中省悟过来，下决心放弃科举仕途，进而转向“与功名进取毫不相关”的实学上，苦心孤诣，致力于与国计民生密切相关的科学技术的研究。这在他一生中是一个重要的转折。

《天工开物》的诞生

在沉默中爆发

在当时来说，能做出这样的抉择是难能可贵的，因为在封建社会，人们认为“万般皆下品，唯有读书高”，士大夫们历来鄙视社会生产实践活动，这就造成了越来越脱离实际的学风。宋应星从自己痛苦的经历中深刻认识到了空洞务虚的理学弊端，他终于“在沉默中爆发”，走上他人生极为重要的一段旅程。

饱经忧患的宋应星在母亲去世3年后，即崇祯七年（1634年），在家乡西南的袁州府分宜县谋得一个教谕的差事，是个未入流的下等文职官员。

废寝忘食地著书立说

宋应星在分宜县任教谕的4年，是他一生中学术成就最为辉煌的一段时间。在任期间，宋应星授课之外闲余时间较多，而且又能接触到许多官府收藏的图书资料。所有这些，都为他从事写作提供了良好的环境。宋应星十分珍惜而且也充分利用了这段时间。4年里，他系统整理和补充了以前的调查所得，查阅了大量的参考文献资料，着力于《天工开物》一书的著述工作。为此，他无论酷暑严寒，寝食从简，夜以继日地伏案工作，整理文稿，从不懈怠。

动荡年代的一针强心剂

宋应星生活的年代，正处在动荡不安的旋涡中。内部，政治腐败，连年灾荒，农业生产遭受极大破坏，百姓流离失所，农民起义风起云涌；外部，北方女真族崛起，其军队节节进逼，直接威胁京城的安全。内忧外患，使明王朝露出风雨飘摇、日薄西山的颓势。

作为一位有识之士，宋应星对国家的前途万分焦虑。他清楚地认识到，要解决国家危机，一方面要在政治上进行改良，除弊兴利，另一方面要提高科学技术水平，发展社会生产力。宋应星所发表的文章都是围绕这两个主题进行论述的。然而，明王朝在政治上已是病入膏肓，深感日暮途远的宋应星只有希冀科学救国之路能为气息奄奄的明王朝注射一针强心剂了。《天工开物》一书便是在这种背景下出版的。只可惜明王朝已是回天无术，《天工开物》一书问世不及10年，明王朝就灭亡了。

誓不仕清，辞官隐居

宋应星是一位博学多能的科学家，他不但谙熟多项工艺生产技术，而且对天文、音律，以至人生哲学、时事政治都有研究，而且颇具造诣。4年中，他就曾刊印了《画音归正》《原耗》《野议》《谈天》《论气》《思怜诗》等著作。

晚年的宋应星一度官至亳州知州。明亡后，他与兄长宋应升一道辞官回乡，立誓不仕清王朝。从此，宋应星便在家乡的山水中过着隐居生活，度过了他的余生。

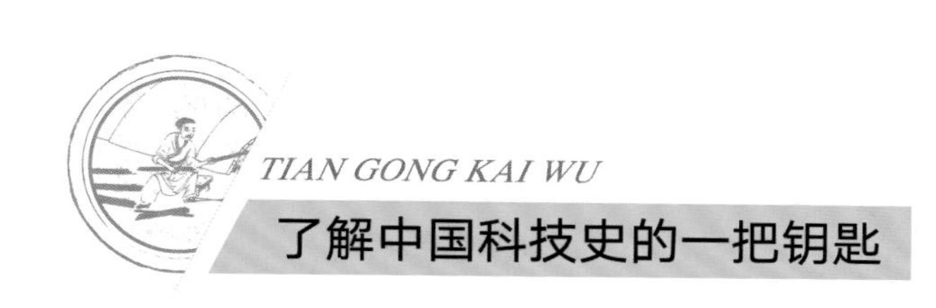

不要做“四体不勤，五谷不分”的读书人

《天工开物》明刊本分上、中、下3卷共18章，全书共53000字，并有插图123幅。从内容上看，《天工开物》几乎涉及当时农业、手工业所有分支的各类生产技术。本着“贵五谷而贱金玉”的思想，把与人们生活休戚相关的衣食主题即《乃粒》《乃服》放在首位，列于上卷之首，且加以翔实叙述。反观与国计民生关联不大的主题如《珠玉》，则置于书尾，所占的篇幅也很小。这充分体现出作者的务实精神。绝大部分内容是宋应星通过对许多地方的实地考察得到的，其中不少内容是民间百姓自家单传的技术秘诀，这是根本无法从史籍中查找到的。

用砒霜当农药

《天工开物》一书记述了农业、手工业生产中的先进技术成就，这也从很大程度上反映了我国明代生产技术的发展状况。从中我们可以看到，当时我国的技术工艺水平与西方先进国家相比较也是毫不逊色的，在一些项目上甚至遥遥领先。例如，在农业方面，书中记述了我国江南地区的农民通过人工选择优化育种，培育出抗旱性能优良的早稻，这是人类早期良种选育、推广

卓见成效的成功典范，这无疑是一项开创性的成就。同时，宋应星还介绍了我国一些独具特色的先进的生产技艺，比如：在长期实践中摸索出来的秧田与本田的合理的比例关系——1：25；用砒霜当农药拌粮种以防虫害；用“骨灰蘸秧根”的方法，与现在施用磷肥的原理大同小异……

纺织技术还是遗传科学？

纺织方面，作者介绍了我国奇妙的、以人工杂交法育出新蚕种的先进技艺，以及通过蚕浴、排除病蚕实行人工淘汰的科学方法。这一成就与其说是我国传统农业科学所取得的成功，不如说是孕育现代遗传科学的温床，至少它已体现出某些先进的遗传学思想。此外，宋应星还介绍了当时具有世界一流水平的纺织机械——大型提花机和腰机的构造及操作要点。

冶金与采矿的先进技术

《天工开物》中《五金》一章，是中国古书中论述金属矿产开采与冶炼技术的最全面、最详细的文献。作者在这一章里记载了我国冶金技术领域的许多发明创造及其在明代的发展，如经过改进的灌钢技术，将炼铁炉与炒铁塘串联使用从而直接将生铁炒成熟铁的工艺，炼铁的半连续生产过程，分金炉的使用和以煤炼铁并以大活塞风箱鼓风等技术工艺。作者还对炼倭（wō）铅（锌）工艺做了详细介绍。上述这些冶金技术是处于当时世界领先地位的。采矿方面，作者在记述竖井采煤时着意介绍了先进的瓦斯排放和巷道支护技术，这一技术对后世影响极大，有的技术或衍生技术甚至在近现代仍在使用。

精确的数据，精美的插图

《天工开物》不但对所涉及的生产过程予以详细叙述，同时还特别注意在物料、能源和器械方面给出具体的技术数据和工艺操作图。对各种技术过程予以定量描述，是这部书的一大成就。《五金》一章对金银铜单位体积内重量的比较，已接近物理学中比重的概念；《膏液》一章对各种油料作物的出油率做了精确的统计；《甘嗜》《杀青》《舟车》各章在叙述造糖车、蒸煮楻（héng）桶和漕船各部件时，都标出了具体尺寸。书中还有大量精美的插图，比例协调，如一幅幅工程图。画面上操作的人神态逼真，栩栩如生。从头到尾将全书细细翻过，有如展开了一幅中国古代科技史的长长画卷。《天工开物》的科技成就令世人赞叹。

宋应星的道歉

从流传下来的版本来看，除了首尾两章彰显作者的写作意图外，中间各章在顺序上逻辑性不强，甚至显得凌乱，学者研究认为，这是由于宋应星交稿付印时，正赶上几部书稿相继完成，导致《天工开物》来不及仔细推敲就付印了，以至于宋应星在书中致歉，请读者原谅。

中国古代科技的集大成者

在明清时期，出现了很多集大成的著作。像前面提到的李时珍的《本草纲目》、徐光启的《农政全书》、徐霞客的《徐霞客游记》等，唯缺一部论述技术工艺的综合性著作，在漫长的历史进程中，也缺乏这样伟大的作品，而宋应星的《天工开物》正好弥补了这一缺憾！

《天工开物》与其他杰作交相辉映，构成了我国明清时期灿烂夺目的科技文化。文艺复兴时期的技术代表作阿格里科拉的《矿冶全书》在古老的东方也有了对应作品。人们把宋应星称为“中国的阿格里科拉”。

广为流传的禁书

《天工开物》在崇祯十年（1637年）问世后，尽管当时政局动荡不安，但它仍然流传开来并对后人的科研活动产生了一定影响。明末科学家方以智在写作《物理小识》一书时便参考和引用了此书。清初，由于宋应星在书中流露出的反清思想，《天工开物》被列为禁书。然而，这并未影响它的流传。随着时间的推移，《天工开物》越来越受到人们的重视，其科学价值得到充分肯定。

乃粒

宋子曰：上古神农氏若存若亡，然味其徽号，两言至今存矣。生人不能久生，而五谷生之，五谷不能自生，而生人生之。土脉历时代而异，种性随水土而分。

【注释】宋子（本书作者宋应星的自称）说，不论神农氏是否确有其人，然而体味到这一称号的含义，也应当把创始农业的先民尊称为『神农』。人不能靠自身长期生存，需要靠五谷才能活下去。而五谷也不能自行生长，要靠人去种植。土质经历不同时代而发生变化，作物的种类和性质则随着水土的不同而有所变化。

第二部分

民以食为天

中国是一个农业大国，在几千年的历史中，我们的祖先以农耕为主流生产模式，同时还伴有游牧和渔猎。民以食为天，是中国人长期遵循的生存法则。因此，与之密切相关的农畜产品加工技术一直为人们所重视，历经长期发展，为后人留下了丰富的历史文化遗产。

什么是“五谷”？

在《天工天物》第一章《乃粒》中，宋应星介绍了当时主要的粮食作物。

古代人所说的“五谷”是指麻、菽（shū）、麦、稷（jì）、黍（shǔ）。咦，为何其中唯独漏掉了我们最常见的大米呢？原来这是因为在很早的时候，写书的人大多是西北人，没见过水稻。现在全国百姓所吃的粮食中，大米占了十分之七，已经是最重要的粮食了。至于麻和菽（也就是豆类）现在早已被列为副食了，依然将它们归入“五谷”之中，只不过是沿用古代传统的说法罢了。

稻花香里说丰年

现在，我国粮食生产大宗品种有水稻、小麦、玉米等三大作物，播种面积和总产量分别占我国粮食的76％、86％左右。其中水稻分别占28％、39％，小麦分别占25％、22％，玉米分别占23％、25％。

三大作物在我国粮食生产中的占比

作物＼占比	播种面积在我国粮食生产中的占比	总产量在我国粮食生产中的占比
水稻	28%	39%
小麦	25%	22%
玉米	23%	25%
三大作物总占比	76%	86%

其中水稻的种类最多，最为常见的有两大类：不黏的，禾叫粳稻，米叫粳米；黏的，禾叫徐稻，米叫糯米。我国南方没有黏黍，酒都是用糯米酿制的。

插秧后，早熟的品种大约70天就能收割。最晚熟的品种，要历经夏天到冬天共200多天才能收割。

河姆渡遗址出土的炭化谷粒

早稻最好吃，晚稻可酿酒

南方平原的稻田，大多是一年两栽两熟的。六月割完早稻，田地经过犁耙后，插再生秧。第二次插秧的稻子俗名叫晚糯，不是粳稻。晚稻是为了酿造春酒的需要才种植的。为保障稻子的生长，必须用肥料滋养土地。凡是收割后当年不再耕种的稻田，应该在当年秋季翻耕、开垦，使稻茬儿腐烂在稻田里，这样所得的肥效是粪肥的一倍。

水稻爱喝水

水稻是最怕旱情的，比其他各种谷物需要的水量更多，各地情况都不一样。有的稻田灌水3天之后干涸了，也有的半个月以后才干涸。如果天不降雨，就要靠人力引水浇灌来补救。

靠近江河边有使用筒车的，先筑堤坝来阻挡水流，使水流绕过筒车的下部，推动筒车的水轮旋转，并装水进入筒内，这样一筒筒的水便会倒进引水槽，导流进入田里。浅水池和小水沟，如果安放不下长水车，就可以使用1米到2米长的手摇水车。扬州一带使用几扇风帆，以风力带动水车，这种车是专为排涝使用的，排除积水以便于栽种。

多除草，麦粒饱

麦子有好多种，有小麦、大麦、杂麦（“雀”“荞”）等。因为它们的播种时间相同，花的形状相似，又都是磨成面粉用来食用的，所以都称为麦。在我国，河北、陕西、山西、河南、山东等地，老百姓吃的粮食当中，小麦占了一半；在四川、云南、福建、浙江、江苏、江西、湖南、湖北等地区，种植小麦的耕地大约占了二十分之一。小麦磨成面粉，可用来做花卷、饼糕、馒头和汤面等。

北方的小麦，秋天时候播种，经历秋、冬、春、夏四季的气候变化，第二年初夏时节才收获。南方的小麦，从播种到收割的时间相对短一些。大麦的播种和收割的日期与小麦基本相同。荞麦则应在中秋时播种，不到两个月就可以收割了。

种麦子也要先翻整土地，和种水稻的工序是一样的。然后施足基肥，在播种后就不要再施肥了。播种后，要用牲畜拖着两个小石磙子轧一遍，土压紧了，麦种才能发芽。种水稻播种后还需要多次耘、耔（zǐ）等勤苦的劳动，麦田却只要锄锄草就可以了。

杂草锄尽，田里的肥分就都可以用来结成饱满的麦粒了。

麦收后的空隙，可以再种其他作物。从夏初到秋末，有近半年时间，完全可以因地制宜地来选种其他一些作物。南方就有在大麦收割后再种植晚熟粳稻的。

稷与黍、粱与粟

稷与黍同属一类作物，粱与粟（sù）又属同一类作物。黍有黏与不黏之分，黏黍可以做酒；稷只有不黏的。

高粱

粱与粟统称黄米，其中黏粟还可以用于酿酒。黏黍、黏粟统称为“秫”（shú）。高粱也是一种粟，也叫芦粟，是因为它的茎秆高达2米，很像芦苇。粱和粟的种类、名称，比稷和黍的还要多。

以上四种粮食，都是在春天播种，秋天收获的。耕作的方法与麦子的耕作方法相同，但播种和收割的时间，却和麦子相差很远。

芝麻开花节节高

麻类只有火麻和胡麻两种，既可以做粮食又可以做油料。胡麻就是芝麻，据说是西汉时期才从中亚的大宛国传来的。

芝麻

种植芝麻之前，要把土块尽可能地打碎并清除杂草，然后用潮湿的草木灰拌匀芝麻种子来撒播。早种的芝麻在三月种，晚种的芝麻要在大暑前播种。早种的芝麻要到中秋才能开花结实。30公斤芝麻可榨油10公斤，剩下的枯渣用来肥田；若碰上饥荒的年份，就留给人吃。

种豆南山下

黄豆

豆子的种类繁多，播种和收获的时间，在一年四季中接连不断。

最常见的是大豆，有黑色和黄色两种颜色，播种期都在清明前后。豆豉、豆酱和豆腐都是以大豆为原料做成的。

绿豆，又圆又小，必须在小暑时播种。把绿豆磨成粉浆，澄去浆水，晒干可制成淀粉、粉皮、粉条，这都是人们十分喜爱的食品。

豌豆有黑斑点，形状圆圆的，有些像绿豆，但又比绿豆大。十月播种，第二年五月收获。

蚕豆的豆荚像蚕形，豆粒比大豆要大。八月下种，第二年四月收获。

小豆分红小豆和白小豆。红小豆可入药，有奇效，白小豆也叫饭豆，可以当饭吃——饭食里掺进它就会更好吃了。小豆在夏至时播种，九月收获，大量种植于长江、淮河之间的地区。

穞（lǔ）豆，从前野生在田里，现在北方已经大量种植了。用来制淀粉、粉皮，可以抵得上绿豆。

白扁豆是沿着篱笆而蔓生的，也叫蛾眉豆。

其他如豇（jiāng）豆、虎斑豆、刀豆与大豆中的青皮、褐皮等品种，仅在个别地方有种植的，就不能一一详尽叙述了。

蚕豆

粒粒皆辛苦——谷物的加工技术

宋应星在《粹精》一章介绍了稻、麦、黍、稷、粟、粱、麻、菽的加工方法。他认为，有关粮食作物加工方法的发明创造，是中国先民超凡才智的结晶。当然，加工的过程贯穿着辛勤的劳作。

稻子变大米

家家打稻趁霜晴

稻子收割之后，就要进行脱粒，也就是要使稻谷从稻秆上脱落下来。脱粒的方法中，用手握稻秆摔打来脱粒的约占一半，把稻子铺在晒场上，用牲口拉石磙进行脱粒的也占一半。

稻子收获时节，如果遇上多雨少晴的天气，稻田和稻谷都很潮湿，不能把稻子运到晒场上去脱粒时，就用木桶在田间就地脱粒。如果遇上晴天稻子也很干，使用石板脱粒也很方便。

用牲口拉石磙在晒场上轧稻谷，要比手工摔打省力六七成。南方种植水稻较多的人家，大部分稻谷是用畜力脱粒。

吹走“坏家伙”

即便是最好的稻谷，其中也会有不饱满、不能吃的秕（bǐ）谷。去掉秕谷的方法，南方都用风车吹去。北方多用扬的方法，总的来说不如用风车方便。

给稻谷“脱衣服”

传统的稻谷加工分两步。把稻谷去掉谷壳用的是砻（lóng），去掉糠（kāng）皮用的是舂（chōng）。

砻有两种，一种是用木头做的，叫作木砻，用木砻加工，即便是不太干燥的稻谷也不会被磨碎，通常量大的稻谷都要用木砻加工。另一种是土砻，是用竹子制成的。如果稻谷稍微潮湿一点儿，在土砻中就会被磨碎，老百姓吃的米都是用土砻加工的。

稻谷用砻磨过以后，要用风车吹去糠秕，然后放到石臼（jiù）里舂，臼也有两种。大臼能容30公斤稻谷，小臼的容量约为大臼的一半。舂过以后糠皮都变成了粉，叫作细糠，可以用来喂猪狗。细糠被风车吹净后，留下的就是加工出来的大米了。

省时省力的新技术

水碓（duì）是山区住在河边的人创造的。用它来加工稻谷，要比人工省力九成，如果用水碓来舂，同时还能起到砻的作用，因此人们都乐意使用水碓。利用水力带动水碓和利用筒车浇水灌田是同样的方法。设臼的多少没有一定的限制，如果流水量小而地方狭窄，就设置两三个臼。如果流水量大而地方又宽敞，那么并排设置10个臼也不成问题。

碾子的碾盘和碾磙子都是用石头做的。用牛犊或马驹来拉碾磙子都可以。一头牛干一天的劳动量，相当于五个人一天的劳动量，但是要碾的稻谷必须是晒得很干燥的，如果稍微潮湿一点儿，米就细碎了。干燥的稻谷用碾子加工时也可以不用砻。

从小麦到面粉

稻谷的精华部分是舂过多次的稻米，小麦的精粹部分就是反复罗过多次的小麦面。小麦的脱粒、去掉秕麦的加工工序和稻子相同。小麦扬过后，用水淘洗，将灰尘污垢完全洗干净，再晒干，然后入磨。好的小麦每石（60公斤）可磨得面粉50公斤，差一点的面粉所得要减少三分之一。

磨的大小没有一定的规格，大的磨要用肥壮有力的牛来拉。牛拉磨时要用桐壳遮住牛的眼睛，否则牛就会转晕。牛的身上要系上一只桶用来盛装牛的排泄物，否则就会把面弄脏了。小一点的磨用驴来拉，重量相对较轻些。再小一点的磨则只需人来推。

一头壮牛一天能磨120公斤麦子，一头驴一天只能磨60公斤，强壮的人一天只能磨10多公斤。如果用水磨的话，效率比牛拉磨要高出三倍。

南方用磨把麸皮一起磨碎，每石得面粉50公斤；北方则要把麸皮分开，所以每石磨出的面粉只有40公斤。因此，北方面粉的价格要比南方贵20%。但是北方从麸皮中还可以提取面筋和小粉（小麦麸洗制面筋后澄淀的淀粉），这样一来，得到的收益就更多了。大麦一般是舂掉外皮后用来煮成饭而食用的，把大麦磨成面粉的不到十分之一。荞麦则是先用杵棒稍微舂一下，捣掉外皮，然后再舂或磨成面来吃。这些粮食与小麦相比，精粗贵贱也就差得太远啦！

小碾图

石碾

梁粟稷黍皆用此碾

小米、芝麻、豆子的加工方法

谷子收割后，扬净得到实粒，舂后得到小米，磨后得到小米粉。扬净工序除去风扬、车扇两种方法外，还有一种簸法。用篾（miè）条编成圆盘形簸箕，把谷子铺在上面，均匀地扬簸。轻的扬到前面，从箕口飘落；重的留在后面，就是饱满的实粒了。谷子加工用的舂、磨、扬、簸等工具，和加工稻子的工具差不多。

芝麻收割后，在烈日下晒干，扎成小把，然后两手各拿一把相互拍打，芝麻壳就会裂开，芝麻粒也就脱落了，下面用席子承接。芝麻筛和小米筛的形状相同，但筛眼比米筛密五倍。芝麻粒从筛眼中落下，叶屑和碎片等杂物留在筛上抛掉。

豆类收获后，量少的用连枷脱粒，如果量多，省力的办法仍然是铺在晒场上，在烈日下晒干，用牛拉石磙来脱粒。打豆的连枷，是用竹竿或木杆做柄，柄的前端钻个圆孔，拴上一根长约1米的木棒。把豆铺在晒场上，手执枷柄甩打。豆子打落后，用风车吹去荚叶，再筛过，就可得到饱满的豆粒入仓了。

汲卤熬波始成盐

对于人类来说，长期缺少五味中的辣、酸、甜、苦任何一种味道对人的身体都没有多大影响，唯独盐，10天不吃，人就会像得了重病一样无精打采、手无缚鸡之力。盐是人类生存不可或缺的物质，所以，古人将盐作为“开门七宗事”柴、米、油、盐、酱、醋、茶之一。

食盐的种类很多，大体上可以分为海盐、池盐、井盐、土盐、崖盐和砂石盐等六种。在我国，海盐的产量约占总产量的五分之四，其余五分之一是井盐、池盐和土盐。这些食盐有的是靠人工提炼出来的，有的则是天然生成的。

内蒙古乌兰察布的吉兰泰盐湖，可以清晰地看到析出的盐，湖水边沿的白色十分显眼

海盐

海盐的收集

海水本身就含有盐分。海盐的收集方法主要有两种。

第一种方法是“布灰种盐法”。在海岸边的高地上，提前一天在地上撒上4厘米厚的草木灰并压紧。第二天早上，灰下已经吸附了大量的盐。天晴，过了中午就可以将灰和盐一起扫起来，拿去淋洗和煎炼。

第二种方法是“淋水入坑法”。人们在海滩上挖个深坑，上面铺苇席，苇席上铺沙。当海潮盖顶淹过深坑时，坑内贮满卤水，第二天就可以取卤水出来煎炼了。

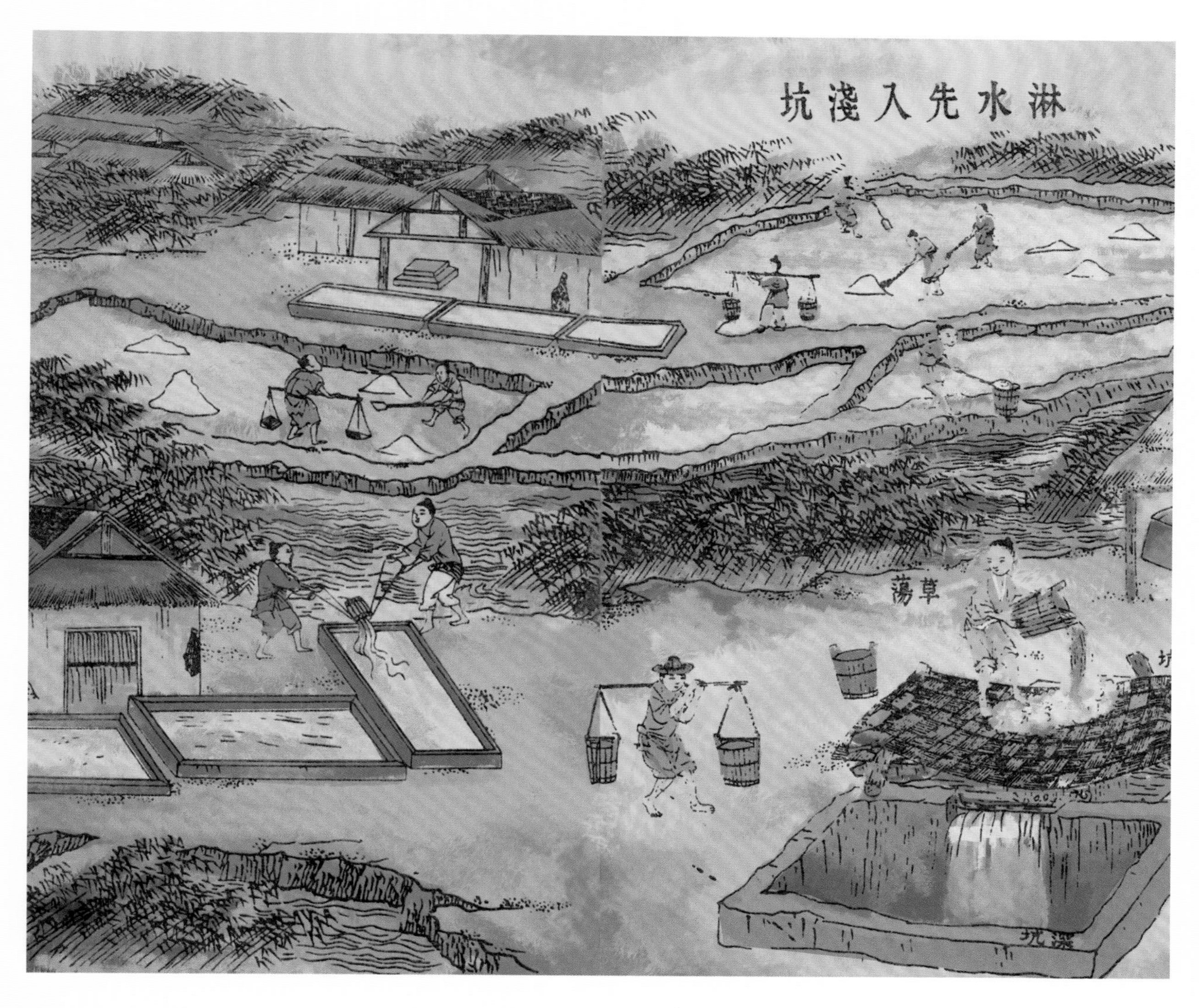

海盐的煎炼

煎盐的锅古时候叫作“牢盆”，这种牢盆的直径有3米多。牢盆下面砌灶烧柴，灶眼多的能有十二三个，少的也有七八个，同时用柴火烧煮。

南海地区还有另外一种制法。用竹篾编成一个锅围，锅直径约3米、深约30厘米。在锅围上涂上蛤蜊灰。锅下烧火使锅中卤水沸腾，直到逐渐结成盐。这种锅也叫作“盐盆”，但总的来说不如用金属制成的“牢盆”那样方便省事。

煎炼盐卤水的时候，如果没有即时凝结，可以将皂角舂碎，掺和小米糠，一起投入沸腾的卤水里搅拌均匀，盐分便会很快地结晶成盐粒。加入皂角而使盐凝结，就好像做豆腐时使用石膏一样。

池盐

宋应星生活的明代，我国有两个著名的池盐产地，一处是阿拉善的吉兰泰盐场（今属内蒙古自治区），另一处是山西解池（又称河东盐池，在山西运城）。其实，池盐产地远不止这两处，到了清代，列入朝廷管理的就有十三处。

每到春季，就要开始引池水制盐，时间太晚了水就会变成红色。等到夏秋之交南风劲吹的时候，一夜之间就能凝结成盐。因为海水煎炼的盐细碎，而池盐则呈颗粒状，所以池盐有“大盐”的称号。池盐一经凝结就可食用。

吉兰泰盐场堆砌的一道道“盐墙”

井盐

我国内陆不少地区因山高水险、交通不便，海盐和池盐的运输十分困难，人们不得不设法就地取材。云南和四川两省的地下就蕴藏着丰富的食盐资源，很多地区都可以凿井取盐。采盐的井叫作盐井，开采出的盐叫作井盐。我国井盐开采已有2200多年的历史。四川为井盐开采的发祥地，自贡地区周围盐井分布最多，至今仍为我国的“盐都”。

四川自贡的燊海盐井遗址，清道光十三年（1833年）建，井深1001.4米，是世界上第一口超千米的深井

古人如何挖出千米深盐井

古人用铁锥来凿井，又称作“锉”。铁锥坚固锋利，锥身用两半竹片夹住，再用绳子缠紧做成柄。每凿进两三米深，就要用竹子续接，加长锉柄。两手举锉用力夯下，把石头舂得粉碎。随后把长竹接在一起再捆上铁勺，把碎石挖出来。

挖掘一定深度，放置一个石圈；继续挖掘，石圈沉降，上面再加上一个石圈……如此递进，石圈对井壁起到加固作用，确保深井不致坍塌。这也是我们的祖先创造的一项技术。打一眼深井大约需要半年的时间，而打一眼浅井一个多月就能够成功。

明代的新发明

明代除在上部加石圈护井外，还以中空长竹筒为固井套筒，需先钻出大口井腔（大窍），以井架（楼架）支撑，使用大型钻具“鱼尾锉”开凿。井上安设足踏碓架、牛拉绞盘及其传动系统（花滚），利用绞车收放或踏板起落之势引动钻头冲击岩层。

不管用何种方式驱动钻头，每钻进半米左右都应取下钻具，将底部有单向阀门的中空长竹筒送入井中，汲取碎石屑及泥水，然后再继续钻进。

钻井的意外发现

四川西部地区有一种火井——天然气井，当地人用天然气煮盐。

中国是世界上最早利用天然气的国家。最早是直接将盆放在气井口上燃气煮盐。后来采用竹筒引气煮盐：将长长的竹子去掉竹节，再拼合起来用漆布缠紧，将一头插入井底，另一头用曲管对准锅脐，把卤水接到锅里，卤水很快就沸腾起来了。

天然气充分燃烧时火焰颜色难以察觉，古代人不了解这一点，未见火苗，只看见水沸腾，再打开竹筒一看，没有一点儿烧焦的痕迹，人们觉得这种看不见的火十分神奇。

末盐和崖盐

末盐指的是用地碱煎熬的盐，除了并州（今山西省榆次）的粉末盐之外，家住河北渤海湾一带的人们，也经常刮取地碱熬盐，但是这种盐含有杂质，颜色比较黑，味道也不太好。

陕西的阶州（今属甘肃省陇南市）、凤县等地区，既没有海盐又没有井盐，但是当地的岩洞里却出产食盐，看上去很像红土块儿，人们刮取后可直接食用，而不必通过煎炼。其实这属于矿盐。

糖是怎么制作的？

糖从哪里来?

根据现代科学知识我们知道，糖与脂肪、蛋白质、维生素、无机盐、水都是人类生存、生长的必需营养物质。

人诞生之初会吮吸母乳。母乳中含有乳糖，使婴儿尝到了甜味。乳品是人类享用的第一类含糖食品。

自然界给人提供的第二类含糖食品是各种果实。许多果实或多或少含有果糖和葡萄糖，被人体吸收后成为能量的重要来源。古代人们的食品三分之二来自植物及其果实。

糖几乎存在于一切有机物质之中，植物经过光合作用合成葡萄糖，并释放出氧气，可以说植物本身就是一座天然的制糖厂。

糖类俗称碳水化合物。它们分别以葡萄糖、果糖、淀粉、纤维素等多种物质形态存在于植物的根、茎、叶及果实、种子之中。饮食过程中，人体用相关的酶对食物进行分解、消化，摄取其中的葡萄糖成分，进而将其转化为能量。可以说，没有糖类物质，就没有生命。

甘蔗是制糖的主要原料

甘蔗大致有两种，主要盛产于福建和广东一带。其中，甘蔗形状像竹子，比较粗大的，叫作果蔗，可以直接生吃，汁液甜美可口，不适合造糖；另一种像芦荻（dí）那样细小的，叫作糖蔗或荻蔗，生吃时容易刺伤唇舌，所以人们不敢生吃，而是用来制糖，白砂糖和红砂糖都是用这种甘蔗制取的。

用荻蔗可以造出冰糖、白糖和红糖三个品种的糖。糖的品种不同，是由荻

蔗的老嫩不同而决定的。荻蔗的外皮到秋天就会逐渐变成深红色，到了冬至以后就会由红色转变为褐色，然后出现白色的蔗蜡。在华南五岭以南没有霜冻的地区，荻蔗冬天也被留在地里而不砍收，让它长得更好些以用来制造白糖。

红糖的制作

唐朝之前，人们还不懂得如何用甘蔗造糖，采集来甘蔗以后大都直接吃，或榨汁，随榨随饮。唐朝大历年间，西域僧人邹和尚到四川遂宁县旅游时，开始传授制糖的方法。现在四川大量种植甘蔗，也是从那时传承下来的。

造糖用的“糖车”，通过挤压将甘蔗中的水分榨出。甘蔗经过糖车立轴时会被压榨出糖浆水，经过三次压榨后，蔗汁就被榨尽了，剩下的蔗渣可以用作烧火的燃料。

在取用蔗汁熬糖时，把三口铁锅排列成“品”字形，先把浓蔗汁集中在一口锅里，然后再把稀蔗汁逐渐加入到其余两口锅里。如果是柴火不够火力不足，哪怕只少一把火，也会把糖浆熬成质量低劣的顽糖，满是泡沫而没有用处了。

榨糖用的甘蔗比食用甘蔗更细长（云南德宏州漫山种植的甘蔗）

立式双辊木榨榨蔗取汁（云南傣族）

熬制蔗糖：四口锅一组，第一口锅熬出的蔗汁倒入第二口锅继续熬制，依此类推，直至第四口锅熬制，浓缩出糖浆（云南芒市彝族）

打砂：熬制的糖浆倒入锅中，顺一个方向搅动，糖浆渐渐地析出晶体（砂糖）

析出晶体

熬制蔗糖，装碗

冷却后收集的糖块

白糖是如何变白的？

我国福建和广东一带会有过了冬的成熟老甘蔗，它的压榨方法与红糖的方法一样。将榨出的蔗汁引入糖缸之中，熬糖时要注意观察蔗汁沸腾时的水花来控制火候。当熬到水花呈细珠状，好像煮开了的羹糊时，就用手捻试一下，如果粘手就说明已经熬到火候了。

蛋清凝聚澄清法

刚熬好的糖浆还是黄黑色的，对蔗糖进行脱色处理的最早尝试是利用蛋清的凝聚澄清法。具体做法是把少许搅打后的鸭蛋清加到甘蔗原汁中，然后加热，原汁中的着色物质及渣滓便与蛋清凝聚，漂浮到表面上来，撇去浮沫，而使蔗汁变得澄清。早在明弘治十六年（1503年），福建莆田、仙游等地就出现了这样的制糖法。

黄泥脱色法

我国古代白糖的脱色技术中成就最大、影响最广的当属黄泥脱色法。这项技术的发展从偶然的发现到自觉的运用和改进大致可以分为两个阶段。

第一个阶段是泥盖法：先将蔗汁熬到黏稠状态，倒入一个漏斗状的瓦钵（bō）中，下出口事先用稻草封住。经过两三天后，钵的下出口便会被结晶出的砂糖堵住。这时拔出塞草，把瓦钵置于一个容器上，上面以黄泥饼均匀压实。黄泥会渐渐渗入糖浆中，吸附其中的着色物质并缓缓下沉到钵底，又随着糖浆逐滴落入下面承接的容器中。

经过一段相当长的时间，脱色便完成了。揭去泥坯后，瓦钵中的上层部分便成为上等白砂糖，被称为“双清”；瓦钵底部仍为黑褐色糖，即所谓“瀵（fèn）尾（贩尾）”。

黄泥脱色法 2.0 版

糖匠明确意识到黄泥具有脱色的功效，于是改进泥盖法，演变为添加黄泥浆，这便是黄泥脱色法发展的第二阶段，也就是宋应星在《天工开物》中所记载的工艺：

把熬制后的黄黑色糖浆装在桶里，让它凝结成糖膏，然后把瓦溜放在糖缸上。这种瓦溜是请陶工专门烧制而成，上宽下尖，底下留有一个小孔，用草将小孔塞住。把糖膏倒入瓦溜中，等糖膏凝固后除去塞在小孔中的草，用黄泥水从上淋浇下来，黑色的糖浆就会淋进缸里，留在瓦溜中的就是白糖。最上面一层的厚度约有15厘米，非常洁白，名叫“西洋糖”（西洋糖非常白，因此而得名），下面的一层稍带黄褐色。

冰糖是如何制作的？

用黄泥脱色后，将最上层的白糖加热熔化，用蛋清凝聚澄清法去掉浮渣，要注意适当控制火候。将新鲜的青竹劈成3厘米长的篾片，插入糖液之中。一夜之后，就会在篾片上自然凝结成天然冰块那样的冰糖。

制作狮糖、象糖及人物等形状的糖，糖质的精粗就可以随人们自主选用了。白（冰）糖中分为五等，其中“石山”为最上等，“团枝”稍微差些，“瓮鉴”又差些，“小颗”更差些，“沙脚”则为最差。

蜂蜜的发现和采集

蜂蜜的发现和采集，是人类获取甜食的进程中迈出的一大步。最初，蜜的唯一来源是采集野生蜂蜜。但野生蜂蜜不仅产量有限，采集起来也十分危险。这就促使人们去观察蜂群的生活规律，探索人工养蜂的办法，这样更便于获取蜂蜜。

中国养蜂的历史始于东汉。当时著名的汉阳上邽（今甘肃天水一带）的养蜂人姜岐，因养蜂致富。姜岐不仅善于养蜂，还将养殖技术传授给许多人，使数千家因此获利，他也因此成为当地名人。

据宋应星记载，当时的蜂蜜出自人工养蜂的只占十分之二。蜂蜜没有固定的颜色，有青色的、白色的、黄色的、褐色的，随各地方的花性和种类的不同而不同，例如菜花蜜、禾花蜜等。

蜂王出游

不论是野蜂还是家蜂，蜂群都有蜂王。蜂王一生从来不外出采蜜，每天由群蜂轮流值班，采集花蜜供蜂王食用。蜂王在春夏造蜜季节每天出游两次，出游时，有8只蜜蜂轮流值班伺候。等到蜂王自己爬出蜂巢口时，就有4只蜂用头顶着蜂王的肚子，把它顶出，另外4只蜂在周围护卫着蜂王飞翔而去，游不多久（约1小时）就会回来，回来时群蜂还像出去时那样顶着蜂王的肚子并护卫着把蜂王送进蜂巢。

家养的蜜蜂从东邻分群到西舍时，一定会分一个蜂王的后代去当新的蜂王。乡下养蜂的人常常用喷洒甜酒的酒糟来招引蜜蜂进行分房，届时群蜂将组成扇形阵势簇拥护卫新的蜂王飞到新的居处。

“蜂反”和“杀一儆百”

喂养家蜂的人，有的把蜂桶挂在房檐底下的一头，有的就把蜂箱放在窗子下面，都钻几十个小圆孔让群蜂进入。养蜂的人，如果打死一两只家蜂还没有什么问题，如果打死3只以上的家蜂，蜜蜂就会群起而攻击蜇人，这叫作“蜂反”。蝙蝠最喜欢吃蜜蜂，一旦它钻空子进入蜂巢，那就会吃个没完没了。如果打死一只蝙蝠悬挂在蜂巢前方，其他的蝙蝠也就不敢再来吃蜜蜂了，俗话叫作“杀一儆百”。

蜜脾——甜蜜的来源

蜜蜂酿造蜂蜜要先制造蜜脾，蜜脾的样子如同一片竖直向上排列整齐的鬃毛。蜜蜂吸食咀嚼花蕊的汁液，一点一滴吐出来积累而成蜂蜜。

割取蜜脾炼蜜时，会有很多幼蜂和蜂蛹死在里面，蜜脾的底层是黄色的蜂蜡。深山崖石上的蜂蜜有的几年都没有割取过蜜脾，蜜脾已经成熟，用长竹竿把蜜脾刺破，蜂蜜就会流下来。

土穴中产的蜜（“穴蜜”）多出产在北方，南方因为地势低气候潮湿，只有“崖蜜”而无“穴蜜”。500克蜜脾，可炼取400克蜂蜜。西北地区所出产的蜂蜜占了全国的一半，可以与南方出产的蔗糖量比肩了。

植物油的制取

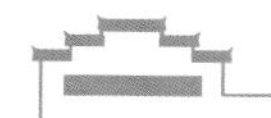

宋应星通过观察和思考，得出这样的结论：草木的果实之中含有油膏脂液，但它是不会自己流出来的。要凭借水火、木石来加工，然后才能倾注而出。人们发明创造出的制油方法，真是巧夺天工啊！

油的主要用途

古时候有囊萤映雪的典故，“囊萤”指的是晋代车胤小时家贫，夏天以练囊装萤火虫照明读书；“映雪”是晋代孙康家境贫穷，但他勤学苦读，冬天常利用雪的反光读书。读书刻苦，但是没有油灯照明的读书条件确实艰苦。车辆的车轴只要有少量的润滑油，车轮就能灵活转动起来，如果没有油脂的润滑作用，船和车也就无法顺畅通行了。照明和润滑，是早期日常生活中油脂的主要用途。

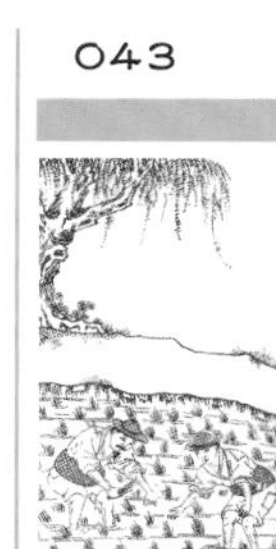

油品的优劣

《天工开物·膏液》一章中，宋应星介绍了几种油的种类、用途和优劣。

食用油

上品：胡麻油（芝麻油）、萝卜籽油、黄豆油（豆油）、大白菜籽油；

中品：苏麻油、油菜籽油、茶籽油（山茶油）；

下品：苋（xiàn）菜籽油、大麻仁油。

燃灯油

上品：桕（jiù）仁内水油；

中品：芸苔籽油、亚麻籽油、棉花籽油、胡麻油；

下品：桐籽油（桐油）、桕混油。

造烛用油

造烛用油有桕皮油、蓖麻子油、桕混油＋白蜡、各种清油＋白蜡、樟树籽油、冬青籽油、牛油。

胡麻籽
油菜花
胡麻

需要说明的是，花生原产于南美洲巴西，16世纪末从印度传入中国。葵花原产于美洲的墨西哥、秘鲁，明末传入中国。西方盛行的橄榄油和亚热带地区盛产的棕榈油，中国古代没有见述。此外，在古代，先民在认识到植物果实或种子可以榨出油后，曾做过很多尝试，因而获得许多植物油及对这些植物油的认知。宋应星根据他的认知和实践，列出了十余种油料。可以肯定的是，中国先民当时已知或已利用的油料远不止这些。

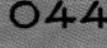

制取食用油

宋应星在书中主要记述的食用油制法，除榨法外，还有煮法、磨法。苏麻油主要采用煮法。芝麻油在北京采用磨法，在朝鲜采用舂法。其他食用油都是采用榨法。

压榨技艺

榨油首先要制好榨具。榨具要用两臂抱围粗的木材来制，将其中间挖空。最好选用樟木，其次是檀木、杞木。但杞木怕潮湿，易腐朽。这三种木材木纹都是扭曲的，而不是直纹，因此当把尖木楔揳入其中并尽力捶打时，两头不会开裂。直纹的木材不适用，捶打时易开裂。

将木头中间挖空，放油料用。在挖空的部分还要凿出一条平槽，再在平槽下沿凿一个小孔，削一条小槽，便于榨出的油通过平槽、小孔槽流到承接油的器具中。其大小根据榨具而定。

桕皮油及諸芸薹胡麻皆同

甑

此釜平底不深

榨油工序

木制榨具准备好后，接下来要对油料进行预加工和压榨，其工序大致为：文火慢炒⟶碾碎⟶蒸⟶包裹成饼⟶榨油⟶枯饼⟶重新碾碎⟶蒸⟶包裹成饼⟶再榨油。

文火慢炒

麻籽或菜籽等油料经简单地清除杂物、灰尘后放入锅里，用文火慢炒。当炒到透出香气时就取出，碾碎，再放入蒸锅里蒸。属木本的柏、桐之籽实，碾碎后直接蒸，不必炒。炒麻籽、菜籽宜用铁铸的7厘米深平底锅，若锅太深，不便翻拌。当翻炒时，受热不匀的籽实就会因为质量受损而降低出油率和油的质量。炒锅应斜放在灶上，与蒸锅不一样，这样既不影响炒拌又便于出锅。

碾碎

碾碎油料是在地上进行，将碾槽埋在地上，两人相对一起推碾。也可以用牛来拉石磨碾料，一头牛力可顶十个人力。有的籽实只用磨而不用碾，例如棉籽之类。碾碎后的油料要过筛，去掉那些掺杂在油料中的皮壳。那些过不了筛的较粗碎粒还需再碾。

包裹成饼

过筛后的细粒放入蒸锅里蒸，蒸的时间视油料的品种而定。蒸到一定时候取出，倒入预先用铁箍或竹篦固定好的稻草或麦秆包里，压成饼形，饼的尺寸应与榨具中的空隙尺寸相符。

油料出蒸锅时如果做饼（包裹）太慢了，会使一部分闷热的蒸气逸散，出油率就会降低了。技术熟练的工匠能够做到快倒、快裹、快箍，得油多的诀窍就在这里。

榨油

包裹好了，就将饼放入榨具中，要尽量装满，然后挥动油锤把尖

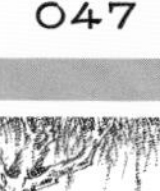

胡麻开始打籽

收取的胡麻籽

炒油料

油料打包做饼

油饼入榨具，用挡板抵住

用油锤击打木楔，推动挡板挤压油饼，出油

榨槽下面的地道中放置油桶收集压榨出的油液，经过过滤，成品油制成

楔打进去轧压油料饼，油就会像泉水一样流出来。榨完油的油料饼人们称其为枯饼。像芝麻、莱籽等的枯饼大都要重新碾碎，筛去茎秆等杂物，再蒸、再裹、再榨。往往初榨得油二分，二榨得油一分。像柏籽、桐籽之类油料，一榨中油已基本全部榨出，就不必二榨了。

水煮法

准备好两个铁锅同时使用。先将蓖麻子或苏麻籽碾碎，放入一个锅中，加水煮沸，上面漂浮的泡沫便是油。用勺子将其撇取，倒入另一个干的铁锅中，用慢火熬干水分，便得到油。这种方法所得油量必定会有损失。

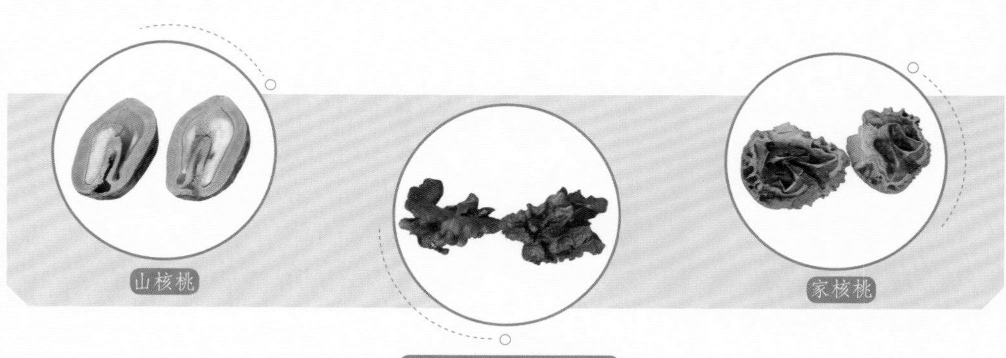

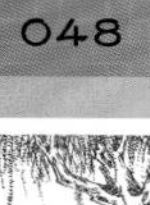

沿袭至今的传统技艺

目前，北京门头沟、延庆等地，还保留水煮法制取核桃油、杏仁油的传统手工技艺。我调研的北京市延庆区大庄科乡小庄科村的水煮法技艺，并无商业性生产，是典型的自给自足的农耕文化。制取核桃油的油料为山核桃和家核桃，一般没有刻意区分，两种油料粉碎后一起水煮制油。

相较而言，山核桃仁的出油率最高，一般在7%左右，家核桃要少些。但是家核桃的果仁厚实，每一枚核桃的果仁含量要比山核桃的高。山核桃经年不变质、不走油，当地经常是用隔年的山核桃煮油。

如何水中取油

将粉碎好的油料放入锅内，加满水，用柴火烧。大约30分钟后，水面上开始泛起泡沫。这时，要用楔形木棒搅动、铲锅底，以防止黏附在锅底烧煳。搅动必须顺着一个方向，不得随意变换，否则影响出油。据当地的老人讲，如果乱搅动，油就出不来了。

水煮法取油

大约4小时后，油花浮出水面，渐渐形成大片的油层；待油层变厚实，开始用勺子舀取油，辅助工具有“油刮子”（高粱秆制成的T形工具，手柄20多厘米长，用来向勺子里面赶油）。舀取油时，不要撤火，持续加热。

先期舀取的油很纯，可直接收集存放；后期舀取的油，为油水混合物，需要进行煎炼方可收集存放。舀取过程大约持续1.5小时。

熬制后的渣滓——糁（shēn），直接得到的是核桃酱，可以用来做粥。核桃酱可以存放很久，常温下保质期3个月以上。杏仁油的水煮法与制取核桃油的技法相仿，当然，熬制后的渣滓就是杏仁酱。在北京等地有用磨法来制取麻油的。这种方法是将磨过的芝麻装在粗麻布袋里，扭绞出油。

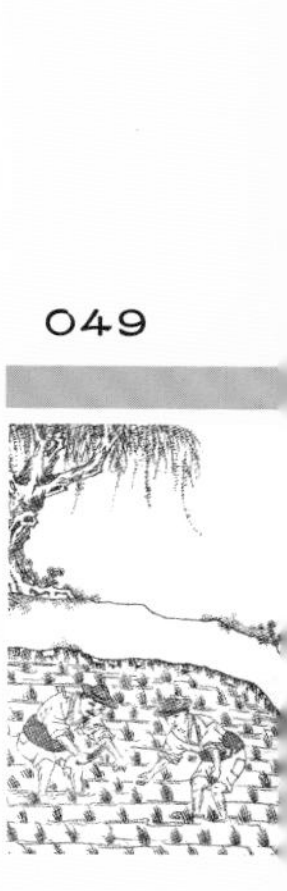

蜡烛是如何制造的？

用乌柏子提炼皮油

用皮油制造蜡烛源于江西广信郡。把洁净的乌柏子放入饭甑（zèng）里蒸煮，蒸好后倒入臼内舂捣。乌柏子核外包裹的蜡质舂过以后全部脱落，挖起来，把蜡质层筛掉放入盘里再蒸。乌柏子外面的蜡质脱落后，里面剩下的核子就是黑籽。把黑籽用小石磨快磨，磨破以后，用风扇吹跑黑壳，剩下的便全是白色的仁，如梧桐籽一样。将白仁碾碎蒸过之后，用前文所述的方法包裹、入榨。榨出的油叫作“水油”，很是清亮，装入小灯盏中，用一根灯芯草就可点燃到天明，其他的清油都比不上它。食用的话也不会对人体造成伤害，但有些人不放心，宁可不食用。

用皮油造蜡烛

用皮油制造蜡烛的方法是：将苦竹筒破成两半，放在水里煮涨（否则会粘带皮油），然后用小篾箍固定，用尖嘴铁勺装油灌入筒中，再插进烛芯，过一会儿待蜡凝固后，便成了一支蜡烛，顺筒捋下篾箍，打开竹筒，将蜡烛取出。

另一种方法是把小木棒削成蜡烛模型，裁一张纸，卷在上面做成纸筒，然后将皮油灌入纸筒，也能结成一支蜡烛。这种蜡烛无论风吹尘盖，还是经历冷天和热天，都不会变坏。

宋应星对传统榨油技术的总结

宋应星对榨油技术的介绍不仅展现了当时的榨油技术，同时也是对传统榨油技术的一个总结。但是，由于我国幅员辽阔，民族众多，生活习俗和传统手工技艺多姿多彩，不尽相同，而宋应星获取的途径毕竟有限，所以书中的记述有一定的局限性。

对酒当歌

借助于自然界中的微生物，应用发酵手段将含淀粉、糖类等成分的食材变成酒、醋、酱等饮料、作料或食品，是中国先民的一项重大的发明创造。中国先民在发酵技艺中有一个重要创新，就是曲的发明。

曲是主宰发酵过程的关键要素，曲中所富含的霉菌、酵母菌等能使谷物中的淀粉发生糖化、酒化反应。曲的运用，实际上开启了微生物工程的先河。这一催化技艺的掌握，中国比欧洲要早几千年！

宋应星在《曲蘖（niè）》一章中讲述的便是酒曲的制作。他指出：酿酒必须要用酒曲作为酒引子，没有酒曲，即便有好米好黍也酿不成酒。

麦曲和面曲

牛栏山二锅头酒曲房

制作酒曲可以因地制宜用麦子、面粉或米粉为原料，南方和北方做法不同，但原理如出一辙。

做麦曲，大麦、小麦都可以。最好选在炎热的夏天，把麦粒带皮用井水洗净、晒干。把麦粒磨碎，用淘麦水拌和做成块状，再用楮（chǔ）叶包扎起来，悬挂在通风的地方，或者用稻草覆盖使它变黄，经过49天之后便可以取用了。

制作面曲，是用白面5斤、黄豆5升，加入蓼（liǎo）汁一起煮烂，再加辣蓼末5两、杏仁泥10两，混合踏压成饼状，再用楮叶包扎悬挂或用稻草覆盖使它变黄，方法与麦曲相同。

在酒曲中加入的主料、配料和草药，少的只有几种，多的可达上百种，各地的做法不同。制作酒曲，加进辣蓼粉末可便于通风透气，用稻米或麦子作为基本原料的，还必须加入已制成酒曲的酒糟作为媒介，称作回糟。

能入药的神曲

神曲是医药专用的，把它称为神曲是医家为了与酒曲相区别。神曲的制作方法始于唐代，这种曲不能用来酿酒。

制作时只用白面，每50公斤加入青蒿、马蓼和苍耳三种东西的原汁，拌匀制成饼状，再用麻叶或楮叶包藏覆盖着，等到曲面颜色变黄就晒干收藏起来。至于用药配合，要根据医生的经验而加以酌定，很难列举出固定的处方。

"化腐朽为神奇"的红曲

还有一种红曲，制作方法是近代才总结出的，它的巧妙之处是利用空气和白米的变化，"化腐朽为神奇"。在自然界中，鱼和肉是最容易腐烂的东西，但是只要将红曲薄薄地涂上一层，即便是在炎热的暑天放上十来天也不会变质，蛆蝇都不敢接近，色泽味道都还能保持原样。这真是一种奇药啊！

制造红曲用的是籼稻米。米要舂洗得十分干净精白，用水浸泡7天，而后漂洗干净（用山间流动的溪水最好）。漂洗之后将稻米蒸到半熟状态，取出后用冷水淋浇一次，冷却后再次将稻米蒸到熟透。这样蒸熟了好几石米饭以后，再堆放在一起拌进曲种。

曲种一定要用最好的红酒糟，加入马蓼汁，再加明矾水拌和调匀。每15公斤熟饭中加入1公斤曲种，趁热迅速拌匀，直到饭冷。注意观察，如果一段时间之后，饭的温度逐渐上升，就说明曲种发生作用了。将其倒入箩筐，用明矾水淋过一次后，分开放进篾盘中，放到架子上通风。每40分钟翻拌一次。曲饭开始时颜色雪白，一两天后就变成黑色了，之后颜色会由黑色转为褐色，再转为赭色，然后转为红色，到了最红的时候再转回微黄色。这一系列的颜色变化叫作"生黄曲"。这样制成的红曲，其价值和功效都比一般的红曲要高好几倍。

苗族的红曲

乃服

宋子曰：人为万物之灵，五官百体，赅而存焉。贵者垂衣裳，煌煌山龙，以治天下。贱者裋（shù）褐（hè）、枲（xǐ）裳，冬以御寒，夏以蔽体，以自别于禽兽。是故其质则造物之所具也。

【注释】宋子说，人作为万物之灵，各种器官和肢体生得最齐全。高贵的人穿着装饰有山、龙等图案的华服统治天下。卑贱者穿着粗麻布衣服，冬以御寒，夏以蔽体，以有别于禽兽。这些衣服的原料都是大自然提供的。

第三部分

乃服衣裳

蚕桑养殖技术

衣食住行是人类生活的四种基本需求。中国古代以农立国，在农耕文化的大背景下，纺织业历来和农业并列为社会经济的两大支柱，“男耕女织”成为最重要的社会分工。穿衣裳，不仅仅是人类御寒保暖的手段，也是人类文明的标志。在古代中国，衣裳也是礼仪的重要体现。宋应星在《乃服》《彰施》两章中，记述了蚕桑养殖、纺纱织布、染色这几项日常生活中极为重要的手工技艺。

从原料到衣物

宋应星介绍，人们的衣物在冬天用来御寒，夏天用来遮掩身体，因此人与禽兽有了重要的区别。衣服的原料是自然界所提供的。其中，植物类的原料有棉、麻、葛，动物类的原料有裘皮、毛、丝，等等。人们用原料纺出带有花纹的布匹，又经过刺绣、染色，用灵巧的双手，做出了华美的布料和服装，造就了千姿百态的世界。

一匹华丽的丝必须要经过育蚕、缫（sāo）丝、织造等多道工序才能完成。传统的丝织工艺流程如下：

育蚕⟶缫丝⟶络、并、捻⟶卷纬、整经、穿经、浆丝⟶织造⟶漂练⟶印染。

宋应星在书中记载了他所见的主要工艺环节。

中国古代的蚕神们

中国是最早开始种桑饲蚕的国家。在古代，蚕桑占有重要地位。不同地区的人们尊奉自己的蚕神，其中，嫘（léi）祖是中国古代流传较广的司蚕桑之神。嫘祖，又名“累祖”“雷祖”，神话传说里黄帝的妻子，发明了养蚕。此外，还有蚕女、马头娘、马明王、马明菩萨等为人们感恩尊奉的蚕神。

马头娘

民间信仰中的蚕神。其形象多为一女披马皮，或一女骑马。最早当起源于古代对妇女发明和从事蚕桑的推崇以及古人认为蚕与马在形体上有相似之处的观念。魏晋以后，逐渐形成祭祀马头娘的风俗。各地民间也有小庙专门奉祀，并有蚕农在家中奉祀。

青衣神

蜀地民间信仰中的蚕神，即蜀地先王蚕丛氏。蚕丛，文献载其为古代蜀王。传说他曾穿着青衣教人蚕桑，肇兴蚕织，去世后被尊为青衣神。

蚕花五神

又称“蚕皇”“五花蚕神”。相传其形象为三眼六臂，头戴夫子盔，上两手高举过头，一手托日，一手托月；中两手一手抓丝，一抓茧；下两手合于腹部，捧一堆蚕茧。五花蚕神无具体祭日，只有逢年过节、蚕月大忙时香火旺盛。端午后采茧结束，各家都举行一次“谢蚕神”活动。

家蚕的培育

家蚕的驯化

家蚕，又称桑蚕，属鳞翅目蚕蛾科，由野生的桑蚕经过长时间的驯化而成。出土文物表明，在7000多年前，蚕已经引起了我们祖先的关注。而在5000年前，中国就已经开始利用家蚕丝进行丝绸生产，开始了家蚕的驯化。

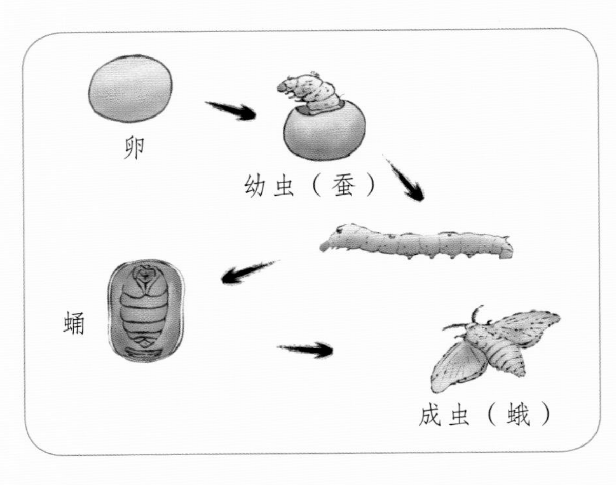

蚕一生经历卵、幼虫（蚕）、蛹、成虫（蛾）四个阶段。蚕卵孵化出蚁蚕，经过三四次蜕皮，约30天后长成熟蚕，吐丝结茧，同时成蛹，一周后化蛾，钻出茧壳，雌雄交配，产卵后死去。养蚕人一般用纸或布来承接蚕卵，一只雌蛾可产卵200多粒，所产下的蚕卵自然地粘在纸上，一粒一粒均匀铺开。养蚕的人把蚕卵收藏起来，准备第二年用。

改良新蚕种

家蚕的品种很多，其中有化性和眠性的区别。化性是指家蚕在没有人为因素的条件下一年中孵化的次数，而眠性是指家蚕在幼虫阶段的蜕皮次数。《天工开物》中所说的“早、晚二种”蚕，分别指一化性蚕和二化性蚕。

利用杂交优势来培育新蚕种是养蚕技术上的一大创造。宋应星在《天工开物》中记载了用一化性的雄蚕和二化性的雌蚕杂交的技术，以此培育出新的优良品种。可见明代的人们已经懂得利用生物遗传特性，采用配种的方法来改良品种。

蚕浴不是给蚕宝宝洗澡

蚕浴指的是对蚕种进行浴种处理，蚕种用浴洗方法处理的，只有嘉兴、湖州两地。湖州多用天然露水、石灰浴蚕，嘉兴则多用盐卤水浴。每张粘有蚕卵的纸，用盐卤水2升，掺水倒入盆中，让纸浮在水面上。每逢腊月十二开始浸浴，至二十四日止，共12天，捞起蚕纸沥干水，用微火烘干，然后珍藏至盒中，不要受潮，待清明时孵化。

经过浴种，那些孱弱的蚕种就会死掉，不会孵出蚕宝宝，可以节省桑叶，这样处理后的蚕吐丝也多。而对于一年中孵化、饲养两次的晚蚕则不需要浴种。

清明节过后3天，蚕卵不必依靠衣被的遮盖来保暖就可以自然地孵出了。蚕室内要注意保暖，喂养初生的蚕宝宝时，要把桑叶切成细条。这一时期要经常腾筐——将蚕挪筐以便清理粪便和残留的桑叶，如果养蚕人懒得腾筐，堆积的残叶和蚕粪太多了，就会变得湿热，有时往往会把蚕给压死。

蚕有纯白、虎斑、纯黑、花纹数种，但是吐的丝都是一样的。

叶料有讲究

桑树在各个地方都可以生长。另外还有三种柘树的叶子，可以弥补桑叶的不足。采摘桑叶，必须用剪刀，这样可以不损伤枝干，桑叶就能够长出好几茬儿。

春蚕不应老，昼夜常怀丝

老足——捉蚕的时机

当蚕吃够了桑叶并日趋成熟的时候，要特别注意抓紧时间捉蚕结茧。蚕卵孵化在上午7点至11点，所以成熟的蚕结茧也多在这个时间。如果捉的蚕嫩一分、不够成熟的话，吐丝就会少些；如果捉的蚕

过老一分，因为它已吐掉一部分丝，这样茧壳必然会比较薄。捉蚕的人要善于分辨蚕的成熟程度，如果能够做到一只不错才算高手。

在温暖的地方结茧

各地有不同的结茧方法，其中，嘉兴、湖州的方法被公认为最好。做法是：用竹子编成蚕箔，在蚕箔下面用木料搭上一个离地约2米高的木架子，地面放置炭火盆，因为蚕喜欢暖和，就会趴在蚕箔上不再到处爬动，很快就开始结茧。

当茧衣结成之后，再用炭火加热，蚕吐出的丝随即干燥，这样处理过的丝使用很久都不易坏。

取 茧

蚕结茧3天之后，就可以拿下蚕箔取茧了。蚕茧壳外面的浮丝叫“丝匡”（茧衣），湖州的老年妇女用很便宜的价钱买回去（每公斤约200文钱），用铜钱坠子做纺锤，打线，织成湖绸。剥掉浮丝以后的蚕茧，必须摊在大盘里，放在架子上，准备缫丝或者造丝绵。如果用橱柜、箱子装起来，就会因湿气郁结疏解不良而造成断丝。

择 茧

缫丝用的茧，必须选择茧形圆滑端正的单茧，这样缫丝时丝绪就不会乱。如果是双宫茧（即两只蚕共同结的茧）或由四五只蚕一起结的同宫茧，就应该挑出来造丝绵。如果用来缫丝，丝就会太粗而容易断头。双茧和缫丝后残留在锅底的碎丝断茧，以及种茧出蛾后的茧壳，丝绪都已断乱，不能再用来缫丝，只能用来造丝绵。

抽丝剥茧

缫丝的四步工艺

蚕丝的主要成分是丝素和丝胶。丝素是近于透明的纤维，即茧丝的主体；丝胶则是包裹在丝素外表的黏性物质。丝素不溶于水，丝胶易溶于水，而且温度越高，溶解度越大。利用丝素和丝胶的这一差异，分解蚕茧、抽引蚕丝的过程称为缫丝。

缫丝是一种说来简单，实际却相当繁复的工艺过程，工序包括选茧、剥茧、煮茧和缫取。

选茧是将烂茧、霉茧、残茧剔除，并按照茧形、茧色进行分类整理。

剥茧则是将蚕茧表层不适于织作的松乱茧衣剥掉，剥下来的茧衣也可用于制绵。

煮茧的作用是使丝胶软化。按煮茧的方式，缫丝可分为两种方法。一种是“热釜”缫法，把茧锅直接放在灶上随煮随抽丝；另一种是“冷盆”缫法，将茧放在热水锅中煮沸几分钟后，移入放在热锅旁边的水温较低的“冷盆”中，再进行抽丝。前者缫丝效率高，缫出的丝称为火丝；后者缫出的丝质量好，称为水丝。一般上好的茧缫水丝，次茧缫火丝。

缫车的使用

缫丝时，把蚕茧放进锅中，倒入开水，加热，当水沸腾时，用竹签划拨水面，丝头就会冒出水面；将丝头提在手中，用竹枝穿好，挂在送丝竿上，再将丝头接到大关车上，排列均匀，不要堆积在一起。

缫丝时，要用火对缫出的丝及时加热烘干，以利于后面工序的加工和丝色的鲜洁。火烘的炭火要选用干燥、不会生烟的木柴，才不会影响丝的色泽。这一工艺在宋应星的《天工开物》中称为“出水干”，这种技术有利于提高缫丝的质量。一般来说，一个人劳累一整天只能得到30两丝。

各式各样的纺织工具

提花机——织机中的战斗机

织机中最为复杂的是提花机，最为复杂的织造技术是提花技术。所谓的提花技术就是一种复杂的信息存储技术。工匠们将图案的操作信息用安装在织机上的各种提花装置“存储”起来，通过存储的操作信息实现循环操作。这很像是今天计算机的编程，编好后，所有的运作都可以重复进行，不必每次重新开始。从湖北江陵马山楚墓出土的战国织锦来看，很可能在战国时期，中国的提花机和提花丝织技术已经非常成熟。

提花机全长约5米，其中高高耸起的部分是花楼（控制提花机上经线起落的部件），中间托着衢（qú）盘（调整经线开口部位的部件），下面垂着衢脚（用来控制经线复位，用水磨光滑的竹棍做成，共有1800根）。在花楼正下方挖一个约60厘米深的坑，用来安放衢脚（如果地底下潮湿，就可以架60厘米高的棚来代替）。

现代提花机（江苏南通博物馆）

提花的织工，坐在花楼的木架子上。花机的末端用杠（经轴）来卷丝，中间用两根叠助木（打纬的摆杆），垂直穿接两根约1.2米长的木棍，木棍尖端分别插入织筘（kòu）的两头。

提花机的形制分为两段，前一段水平安放，自花楼朝向织工的一段，向下倾斜30多厘米，这样叠助木的力量就会大些。如果织包头纱一类的细软织物，就要重新安放不倾斜的花机。在人坐的地方装上两个脚架，这是因为那种织包头纱的丝很细，要防止叠助木的冲力过大。

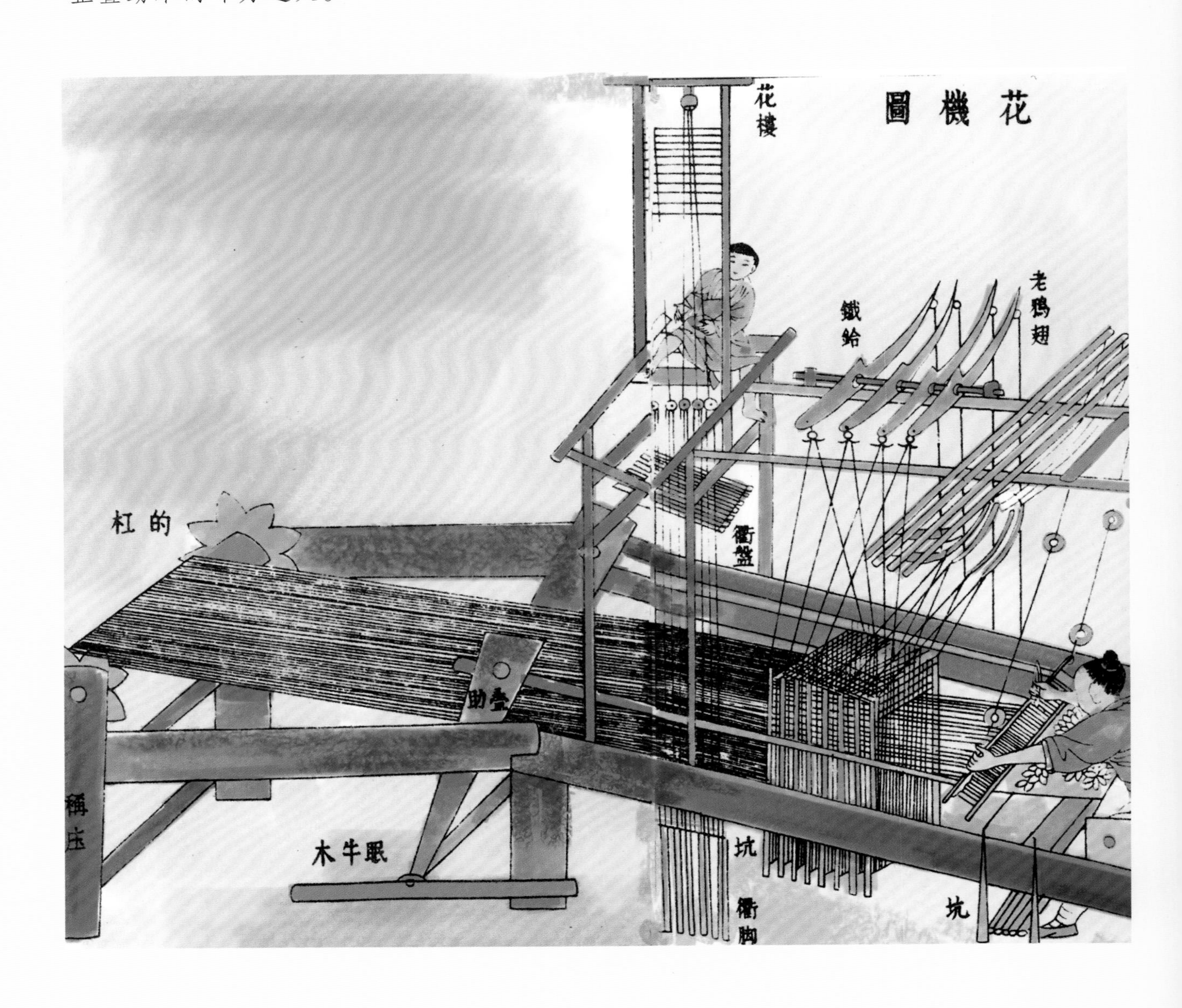

简洁轻便的腰机

织“杭西”“罗地”等绢，“轻素”等绸，以及织“银条”和“巾帽”等纱时，都不必使用提花机，只用小织机就可以了。织匠用一块熟皮当靠背，操作时全靠腰部和臀部用力，所以又叫腰机。各地织葛、苎麻、棉布时，都用这种织机。织品更加整齐结实而具有光泽。

苗族、黎族、壮族、土家族使用的腰机，机型分为两类：一是以脚固定经轴的足蹬腰机，仍保持原始腰机的面貌；二是以简易木架固定经轴的悬轴腰机，经轴两端常配有棘轮以控制经丝的渐放。土家族打花铺盖的织机前端已演进为木机，布轴却依然挂在腰上，显然是明代腰机的遗存。

黎族女性至高龄仍辛勤操作腰机

结花本

用提花机织造花纹织物离不开花本。花本是把纹样由图纸过渡到织物的桥梁，也是提花操作的依据，它好像一个程序存储器，经线提升的程序全部存储在里面。提花织造时，只要按花本上设置好的次序依次提升，织工便能织出预期的图案。

结花本是一项专门技术，要求非常高，很早的时候便成为一种独立的职业。担任结织花纹工序的工匠，心思最为精细巧妙。无论画师先将什么样的图案在纸上画出，结织花纹工序的工匠都能按照画样仔细量度，精确算计，并用丝线编结出织花的纹样来。织花的纹样张挂在花楼上，即便织工不知道会织出什么花样，只要按照织花的纹样的

尺寸、度数，提起衢脚，穿梭织造，图案就会呈现出来了。

以花本存储提花信息、控制线综的方式，开创了用编排好的程序控制经丝运动的先河，产生了极为深远的影响。1725年，法国工程师布乔受中国提花机利用花本储存提花信息的启发，巧妙地用“穿孔纸带”取代花本，控制提花编织机的织针运动。大约在1801年，法国工程师杰卡德将提花编织机上的穿孔纸带逐渐换成了穿孔卡，完成了“自动提花编织机”的设计制作。1888年，美籍德国人霍列瑞斯借鉴穿孔卡输入数据的方法，发明了自动数据处理机，这一发明使以前无法想象的分析大量数据成为可能，被认为是现代计算机编程技术的开端。

棉织物

棉花有木棉和草棉两种，花也有白色和紫色两种颜色。其中种白棉花的占了十分之九，种紫棉花的约占十分之一。棉花都是春天种下，秋天结棉桃，先裂开吐絮的棉桃先摘回，而不是所有的棉桃同时摘取。

在棉花里，棉籽是同棉絮连在一起的，要将棉花放在赶车上将棉籽挤出去。棉花去籽以后，再用悬弓来弹松，作为棉被和棉衣中用的棉絮，就加工到这一步为止。

棉花弹松后用木板搓成长条，再用纺车纺成棉纱，然后绕

在大关车上，便可牵经织造了。熟练的纺纱工，一只手能同时握住三个纺锤，把三根棉纱纺在锭子上，如果纺得太快，棉纱就不结实了。

各地都生产棉布，但棉布织得最好的是松江，浆染得最好的是芜湖。棉布的纱缕纺得紧的，棉布就结实耐用，纺得松的棉布就不结实。碾石要选用江北那种性冷质滑的，好的每块能值10多两银子，碾布时石头不容易发热，棉布的纱缕就紧，不松懈。正如人们浆洗旧衣服时也喜欢放在性冷的石砧上捶打，道理也是如此。

兽皮制衣

古人也爱穿皮草

凡是用兽皮做的衣服，统称为“裘”。贵重的有貂皮、狐皮，便宜的有羊皮、麂（jǐ）皮，价格的等级约有上百种之多。

羊皮衣都是用绵羊皮制成的，老羊皮衣价格低贱而羔羊皮衣价格贵重。古时候，羔羊皮衣只有士大夫们才能穿，明代时西北的地方官吏也能讲究地穿羔羊皮衣了。老羊皮经过芒硝鞣（róu）制之后，做成的皮衣很笨重，是穷人们穿的。

麂子皮去了毛，经过芒硝鞣制之后做成袄裤，穿起来又轻便又暖和，做鞋子、袜子就更好些。虎豹皮的花纹最美丽，将军们用它来

装饰自己，显示威武。猪皮和狗皮最不值钱，脚夫苦力用它们来做靴子、鞋子穿。西部各少数民族最注重用水獭皮做成细毛皮衣的领子。

鄂伦春妇女的狍（páo）皮加工技艺

从前，鄂伦春妇女是加工皮毛制品的能手，具有削皮子、晒皮子、发酵、刮皮子、熟皮子、染皮子等一套完整的工艺流程以及相应的工具。

狍皮加工工具

猎刀，用以剥皮和削刮肉筋、脂肪；

木槌，用以砸软风干的狍皮；

木铡刀，上部有锯齿，用来将狍皮铡软；

皮梳子，带有锯齿的刮皮工具，用来刮削脂肪和筋，使狍皮逐渐软化；

“贺得勒”，在弧形木柄内安装带刃铁片，狍皮刮好后，用它反复鞣刮，使之逐渐变软至洁白如棉布。

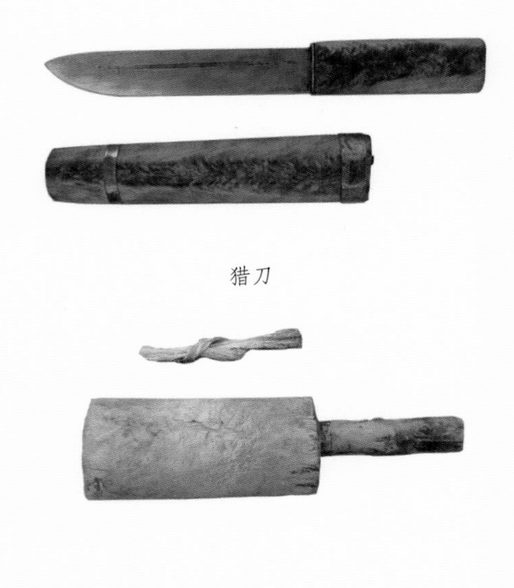

猎刀

木槌

狍皮熟制工艺

熟皮步骤包括晒皮子、敲打平整、发酵、刮皮子、鞣制、熏烤等。一般将皮子晾晒至八成干，用木槌敲打，再用带齿的皮梳子刮，去掉脂肪肉筋，初步鞣软。

发酵　将狍肝煮熟碾碎至稀糊状均匀涂在皮板上，然后把皮子卷合存放待其发酵。也可用柞木腐皮代替狍肝，朽木多菌类，也能使皮子发酵。

鞣皮 狍皮发酵后，须用刮刀将肉筋、脂肪刮除，皮革才会柔软。

刮皮 刮去多余的皮渣，再反复鞣制，使皮子洁白如棉布。最后将皮子拉撑，转着拉，再转着鞣制。这样，皮子不仅更加柔软，而且能恢复原大。

熏烤 皮子熟制后，还要用火熏烤，使之定形并防止生虫。

鞣皮

狍皮缝制

鄂伦春人制作狍皮物品，不用尺子也不画粉，全凭经验，可轻轻搓压狍皮，使其呈现自然折痕，作为裁剪线，根据折痕剪出所需的形状。缝边时讲究皮毛的方向，毛锋均朝下。

熏烤

鄂伦春人缝制皮制品主要使用狍筋线。狍筋是狍子后背里脊肉上的筋腱。将狍筋剥下，风干后用木槌反复砸捣，成为很细的纤维后再搓成线。用狍筋线缝制的皮制品经久耐用，即使皮板腐烂，筋线也不会开绽。

制作狍筋线

狍皮的装饰技艺

对皮毛特性的熟知和对天然材料的运用成就了鄂伦春族独特的狍皮装饰技艺。工艺精湛、花纹漂亮的狍皮制品承载着一种传统文化，体现了游猎民族的智慧和独特的审美个性。

染色 鄂伦春族皮毛服装的染色和装饰都具有浓郁的民族风格，老年人的袍服多为狍皮本色，而年轻人的狍皮服装多以黄色和黑色的

花纹装饰。

刺绣　鄂伦春族的刺绣有两种：一是用彩色丝线或毛线在皮板上刺绣图案，绣法以平绣、锁绣、滚边绣为主；二是将染色皮剪成各种花纹补绣在皮制品上，并在花纹边缘以丝线绣缀。

鄂伦春族年轻女子的袍服

剪皮　剪皮是鄂伦春族的女性艺术，早先是剪皮，后来又形成了剪纸艺术，它们都是用于装饰狍皮衣物的。

镶嵌　镶嵌工艺有两种形式，一是纯皮毛镶嵌工艺，用两到三种毛色反差较大的皮毛（如黑与白、黄与白、黄与黑、黑白黄相间等）组合。用两种颜色的皮毛剪出同一种图案，然后互换镶嵌，是最具特色的皮毛镶嵌装饰技法。二是补花，首先以黑色皮剪出纹样贴在皮板上做补花，由中心纹饰和边饰组成图案。

补花滚边绣狍皮包

皮毛镶嵌狍皮包

TIAN GONG KAI WU

草木染出好颜色

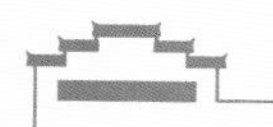

《天工开物·彰施》一章中记载了几十种染色的方法，当然都是我国古代传统的染色技艺—草木染（或石染）。本书重点介绍几种常见染料的制备方法：染蓝色的蓝靛（diàn）制法、染红色的造红花饼法。

蓝靛的制作工艺

五种可制蓝靛的植物

有五种植物可以用来制作深蓝色的染料：茶蓝（菘蓝）、蓼蓝、马蓝、吴蓝、苋蓝（即小叶的蓼蓝，是一个更好的蓼蓝品种）。

种植茶蓝的方法是，在冬天（大约农历十一月）把茶蓝的叶子一片一片剥下来，放进花窖里制蓝靛，剩下的茎秆两头切掉，只在靠近根部的地方留下几寸长的一段，熏干后再埋在土里贮藏。到第二年春天（大约农历二月）时，在土里打出斜眼，将保存的茶蓝根茎插进去，就会自然生根发芽。

其余的几种植物都是把种子撒在园圃中，春末就会出苗，到六月采收种子，七月就可以将蓝茎割回来用于制蓝靛了。

制作蓝靛

制作蓝靛的时候，茎和叶多的放进花窖里，少的放在桶里或缸里，加水浸泡7天，蓝液会自然浸出。每15公斤蓝液加入石灰7公斤，搅打几十下，就会凝结成蓝靛。静置一段时间，蓝靛就沉积在了底部。

制作蓝靛时，把撇出的浮沫晒干后就叫“靛花”。放在缸里的蓝靛一定要先用稻灰水搅拌调匀，每天用竹棍搅拌无数次，其中质量最好的叫作“标缸”。

蓝靛制作

缸内浸沤蓝草

靛池浸沤蓝草

在水中加入石灰

在缸中打靛：用盆子从缸中舀起水再倒入缸，液面泛起泡沫

打靛池中打靛，两人相对，用耙子在池中翻搅，池中泛起泡沫

蓝靛沉淀到缸底部，捞起做成的蓝靛

红花饼的制作工艺

红色染料的唯一原料——红花饼

红花是在田圃里用种子种植的，二月初就下种。到了夏天就会开花，结出球状花托和花苞，花托的苞片上有很多刺，花就长在球状花托上。

采花的人一定要在天刚亮，红花还带着露水的时候摘取。若等到露水干了，红花就会闭合而不能采摘了。红花逐日开放，大约一个月才能开完。

作为药用的红花不必制成花饼。如果是要用来制染料的，则必须按照一定的方法制成花饼后再用，除尽其黄色的汁液，真正的红色就显出来了。红花的籽实煎煮后可以榨出油，刷在贴有银箔的扇面上，在火上烘干后，马上就会变成金黄色。

制作红花饼

摘取还带着露水的红花，捣烂后放入布袋中用水淘洗，拧去黄汁；取出后再次捣烂，放入布袋，用已发酵的淘米水再次进行淘洗，拧去汁液；然后用青蒿覆盖一个晚上，捏成薄饼，阴干后收藏好。

大红色的原料只有红花饼一种，用乌梅水煎煮，再用碱水澄清几次。也可用稻草灰代替碱，效果大致相同。多澄清几次之后，颜色就会非常鲜艳。红花最忌沉香、麝香，如果红色衣物与这些香料收藏在一处，不到一个月就会褪色。

用红花染过的丝织物，如果想要回到原来的素色，只要把所染的丝织物浸湿，滴上几十滴碱水或者稻草灰水，红色就完全褪掉了。将洗下来的红色水倒在绿豆粉里进行收藏，下次再用它来染红色，效果半点也不会损耗。染坊把这种方法作为秘方而不肯向外传播。

莲红色、桃红色、银红色、水红色这四种颜色也是用红花饼来染，颜色的深浅根据所用的红花饼分量的多少而定。而且这四种颜色必须用白茧丝才能呈色，黄茧丝是染不出颜色的。

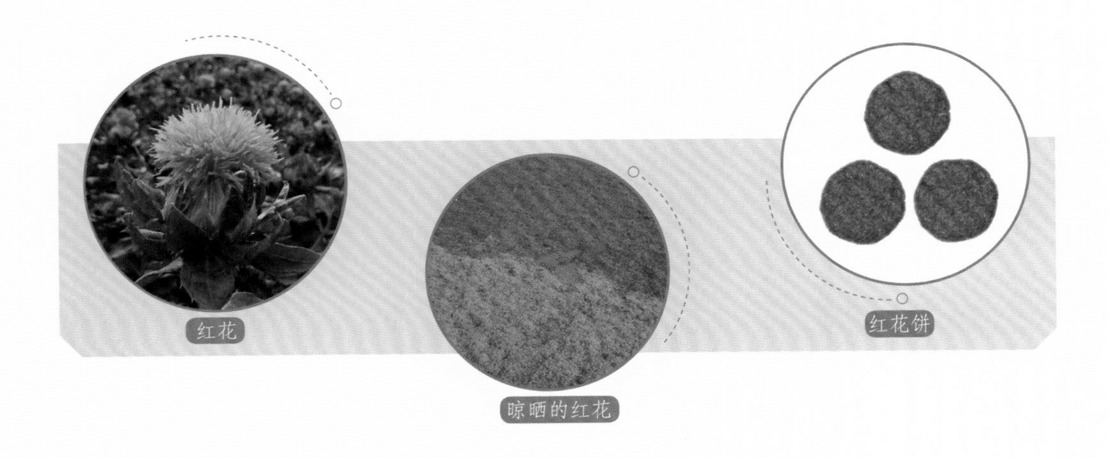
红花　晾晒的红花　红花饼

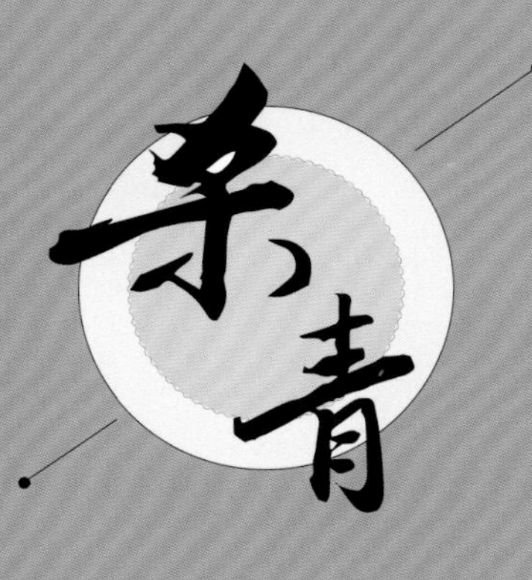

杀青

宋子曰：物象精华，乾坤微妙，古传今而华达夷，使后起含生目授而心识之，承载者以何物哉？君与民通，师将弟命，凭藉呫（chè）呫口语，其与几何？持寸符，握半卷，终事诠旨，风行而冰释焉。

【注释】宋子说，人间事物的精华和自然界的奥妙，从古代传到今天，从中原传到边疆，使后世之人通过阅读文献而心领神会，靠什么材料记载下来呢？君臣间的授命请旨，师徒间的传道受业，如果只靠附耳细语，又能表达多少呢？但只要有一张文件、半卷书本，便足以说明意图，政令可迅速下达，疑难可彻底解决。

第四部分

纸墨书香，承载文脉

伟大的发明——造纸术

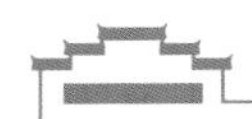

造纸术是中国古代的重大发明，在推动人类文明发展过程中居功甚伟。正如宋应星所说：自从世上有了纸之后，聪明的人和愚钝的人都从中受益良多。有了纸，历代学者的成就才有了书写和印刷的基础，才能更广泛地传播。《天工开物·杀青》一章就介绍了造纸技艺。

蔡伦与“蔡侯纸”

蔡伦（约62—121），字敬仲，东汉桂阳（郡治在今湖南郴州）人。永平年间入宫为宦，后加位尚方令。蔡伦总结秦汉以来用麻质纤维造纸的经验，改进工艺，利用树皮、碎布、旧渔网等原料，经过细致加工，制造出了享誉天下的优质纸张。

我们知道，纸是一种极具实用价值的产品。作为记录文字的载体，纸比竹简木牍不知轻便了多少，比缣帛不知便宜了多少。蔡伦的最主要贡献在于第一次创造性地采用新的材料来造纸，使得纸张生产具备了规模化生产的条件。

公元105年，蔡伦将他所造的纸献给皇帝，大受赏誉。而经他改进生产的纸，更是备受世人喜爱，故史书有“无人不用，天下皆称‘蔡侯纸’”的记载。

造竹纸

杀青见白，蒸煮成泥

用竹纤维造的纸叫作竹纸，主要是南方制造，其中福建省最多。将要生枝叶的嫩竹是造纸的上等材料，每年快到芒种时，便可上山砍竹。把嫩竹截成1.5—2米长的一段，就地开一口山塘，灌水浸沤竹料。为了避免塘水干涸，用竹制导管引水不断注入塘内。

浸到100天以上，把竹子取出再用木棒敲打，最后洗掉粗壳与青皮，这一步骤就叫作“杀青”。这时候的竹纤维的形状就像苎（zhù）麻一样，用上好的石灰调成灰浆，与竹料混拌，放入楻桶，蒸煮8天。煮竹子的锅，直径约1.5米，用黏土调石灰封固锅的边沿。停止加热一天后，揭开楻桶，取出竹料，放到清水塘里漂洗干净。漂塘底部和四周都要用木板合缝砌好以防止沾染泥污。

竹料洗净之后，用柴灰水浸透，再放入锅内按平，铺1寸左右厚的稻草灰。加水煮沸后，把竹料移入另一桶中，继续用柴灰水淋洗。冷却以后，煮沸再淋洗。这样经过10多天，竹料自然蒸烂。取出后放入臼内舂成泥状（山区都有水碓），倒入抄纸槽内。

荡料入帘，竹浆成纸

抄纸槽像个方斗，槽的大小根据抄纸帘的尺寸而定，而抄纸帘的尺寸又视纸张大小来定。抄纸槽内放置清水，水面高出竹浆10厘米左右，加入“纸药”水，这样纸干后便会很洁白。纸药是用阳桃藤枝条浸出的汁液，是纸浆的悬浮剂。

抄纸帘是用刮磨得极其细的竹丝编成的，展开时下面有木框托住。两只手拿着抄纸帘放进水中，将竹纤维荡起并抄入帘中。纸的厚薄可以由人的手法来调控、掌握：轻荡则薄，重荡则厚。提起抄纸帘，水便从帘眼流回抄纸槽；然后翻转纸帘，让纸落到木板上，叠积成千上万张。

烘焙纸张

等到数目够了时，就压上一块木板，捆上绳子，并插进棍子绞紧，用类似榨酒的方法把水分压干，然后用小铜镊把纸逐张揭起，烘干。

烘焙纸张时，先用土砖砌两堵墙形成夹巷，底下用砖砌成火道，夹巷之内盖的砖块每隔几块砖就留出一个孔位。火在巷头的炉口燃烧，热气从留空的孔中蹿出充满整个夹巷，等到夹巷外壁的砖都烧热时，就把湿纸逐张贴上去烘干，然后揭下来放成一沓。

还有火纸与粗纸，前面的工序都一样，只是脱帘之后不必再行烘焙，压干水分后放在阳光底下晒干就可以了。火纸主要用于祭拜神佛或祖先，也供人日常所用。其中最粗糙的厚纸叫包裹纸，是用竹麻和隔年晚稻的稻草制成的。

回收利用的“还魂纸”

明代有一种宽幅的纸，叫大四连，是当时较被看重的书写纸。废弃后，废纸可以洗去朱墨、污秽，浸烂之后可入抄纸槽再造，节省了浸竹和煮竹等工序，依然成纸，损耗不多。南方竹子数量多而且价钱低廉，也就用不着这样做。北方即使是寸条片角的纸丢在地上，也要随手拾起来再造，这种纸被称为“还魂纸”。

造皮纸

树皮造纸

楮树别称构树，皮纸一般用楮树皮制成。剥取楮树皮最好是在春末夏初进行。如果树龄已老的，就在接近根部的地方将它砍掉，再用土盖上，第二年又会生长出新树枝，它的皮会更好。制造皮纸，用楮

树皮30公斤，嫩竹麻20公斤，一起放在池塘里漂浸，然后再涂上石灰浆，放到锅里煮烂。明代时出现了比较经济的办法，就是用十分之七的树皮和竹麻原料，用十分之三的隔年稻草制造，如果纸药水下得得当，纸质也相当洁白。

世人都知“薛涛笺”

用木芙蓉等的树皮造的纸都叫作小皮纸，在江西则叫作中夹纸，糊雨伞和油扇都要用小皮纸。还有用桑皮造的纸，叫作桑穰（ráng）纸，纸质特别厚，是浙江东部出产的，江浙一带收蚕种时必定会用到它。

薛涛笺，是以木芙蓉的树皮为原料，煮烂然后加入芙蓉花的汁，做成彩色的小幅信纸。这种做法相传是薛涛首创的，所以“薛涛笺”的名字流传至今。这种纸的优点是颜色好看，而不是它的质料好。彩色纸张是先将色料放进抄纸槽内从纸浆开始染，而不是做成纸后才染成的。

造纸的科学原理

造纸是一种化学过程与机械过程的结合。在打浆（舂捣）的过程中，植物的长纤维会被切短、两端帚化。当纤维素分子相互靠得很近时，相邻的两个纤维素分子结构中的氧原子就会把水分子拉在一起，这时水分子在纤维素之间架起了“水桥”，将纤维素连接起来。当用帘将纸浆捞出、去掉多余水分后，靠“水桥”连接的纤维并不牢固，所以“湿纸膜”的物理强度不大。

但是，当湿纸膜经干燥过程后，纤维素间的联结就不再是水桥了，而是靠其分子中的氢键来连接，这样，纤维素相互紧密交结，成为具有一定机械强度的薄膜，就形成了纸张。

这好比是两人的两手平平对放，彼此间没有什么连接的力量，随时可以挪开——水桥；两手手指相扣，产生了很大的连接力量——氢键。

TIAN GONG KAI WU

文房异宝朱与墨

古代的文化遗产之所以能够流传千古，靠的就是白纸黑字的文献记载；笔、墨、纸、砚被人们称作“文房四宝”，其功绩是无与伦比的。从遥远的时代开始，就有了朱红色和墨色这两种主要颜色。“文房异宝，珠玉何为？”在宋应星看来，朱墨配合，相得益彰，是珠玉都比不了的。

在《天工开物 · 丹青》一章中，宋应星介绍了绘画用的色彩颜料。这里主要介绍朱砂的制作和墨的制作。

朱砂的制作

什么是朱砂

朱砂古时称作“丹”，主要成分为硫化汞，亦夹杂有雄黄、沥青等物质。东汉之后，为寻求长生不老药而兴起的炼丹术，使中国人逐渐开始运用化学方法生产朱砂。朱砂的粉末呈红色，可以经久不褪。我国利用朱砂作颜料已有悠久的历史。

上等的朱砂，产于湖南西部的辰水、锦江流域以及四川西部地区，朱砂里面虽然包含着水银，但人们不用它来炼取水银，这是因为光明砂、箭镞（zú）砂、镜面砂等几种朱砂比水银还要贵上三倍，如果把它们炼成水银，反而会降低它们的价值。只有粗糙的和低等的朱砂，才用来提炼水银。

粉末状的朱砂

升煉水銀
鐵弓空管
此頭入水
固濟

朱砂矿的开采

上等的朱砂矿，要挖土30多米深才能找到。矿苗初现时，会先看见一堆白石，叫作朱砂床。矿床附近的朱砂，有的像鸡蛋那么大。次等的朱砂矿不一定会有白石矿苗，挖到十几米深就可以得到。这种次等朱砂以贵州东部的思南、印江、铜仁等地最为常见，而陕西商县、甘肃天水市一带也有出产。

次等朱砂不能入药，只供研磨作画与提炼水银用。如果整个矿坑都是质地较嫩而颜色泛白的，就不用来研磨做朱砂，而全部用来炼取水银。如果砂质虽嫩但其中有红光闪烁的，就用大铁槽碾成粉末，然后放入缸内，用清水浸泡三天三夜，把浮在上面的砂石撇出来，倒入别的缸里，这是二朱；把下沉的取出来晒干，就是头朱。

天然朱砂矿石

炉炼白朱砂

用次等朱砂或二朱作为原料，加水搓成粗条，盘起来放进锅里。每锅共装15公斤，下面烧火用的炭也要15公斤。锅上面还要倒扣另一口锅，顶部留一个小孔，两锅的衔接处要用盐泥加固密封。锅顶上的小孔和一段弯曲的铁管相连接，铁管通身要用麻绳缠绕紧密，并涂抹盐泥加固密封，使每个接口处不能有丝毫漏气。曲管的另一端则通到装有冷水的罐子中，锅中产生的蒸汽冲到罐中，遇到冷水而凝成水银。起火加热煅烧约10小时后，朱砂就会全部化为水银布满整个锅壁。冷却一天之后，再收集凝结的水银。

银朱的由来

把水银再炼成朱砂，就叫作银朱。制作时用一个开口的泥罐子或者用上下两口锅。每斤水银加入天然硫黄2斤一起研磨，要磨到看不见水银的亮斑为止，并炒成青黑色，装进罐子里。罐子口要用铁盏盖好，盏上压一

根铁尺，并用铁线兜底把罐子和铁盏绑紧，然后用盐泥封口，再用三根铁棒插在地上鼎足而立，用以承托泥罐。

点火煅烧，需要约三炷香的时间，在这个过程中要不断用废毛笔蘸冷水擦铁盏面使其降温，水银便会变成银朱粉凝结在罐子壁上，贴近罐口的银朱色泽更加鲜艳。用这种方法升炼成的朱砂跟天然朱砂研成的朱砂功用差不多。

皇家贵族绘画，用的是辰州（今湖南沅陵）、锦州（今湖南麻阳）等地出产的丹砂直接研磨而成的粉，而不用升炼成的银朱粉。书房用的朱砂通常胶合成条块状，在石砚上磨就能显出原来的鲜红色。但如果在锡砚上磨，就会立即变成灰黑色。漆工用朱砂调制红油彩来粉饰器具时，和桐油调在一起就会色彩鲜明，和天然漆调在一起就会色彩灰暗。

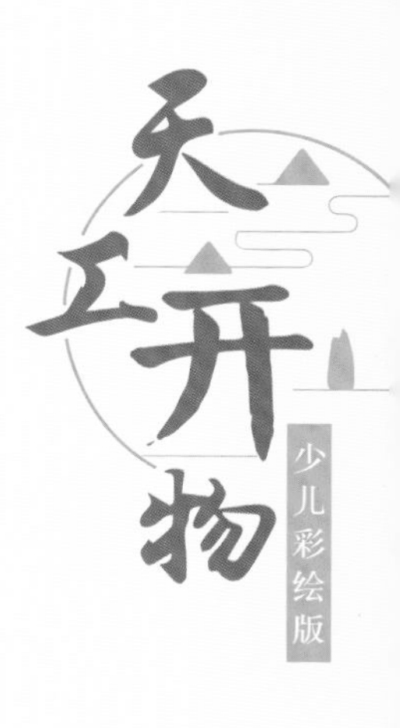

▶ 淡墨写书香 ◀

墨有黑、红、蓝、黄等色，而以黑色为大宗。墨是由烟（炭黑）和胶结合而成的，松烟和油烟是制墨的主要原料。用桐油、菜籽油、猪油烧成的烟灰制墨的占十分之一，取松烟制墨的占十分之九。明清以来，以安徽绩溪、屯溪、歙县等地所出的墨质量最好，最为世人所推崇，称为“徽墨”。

油烟制墨

烧桐油取烟时，每斤油可获得上等烟1两多。手脚伶俐的，一个人可同时照管二百多个专门用于收集烟的灯盏。如果刮取烟灰不及时，烟就会过火而质量下降，同时也造成油料和时间的浪费。

松烟制墨

松烟是松木经不完全燃烧生成的烟炱（tái），源起甚早。松烟的烧制有多种方法，其工艺流程大致如下：

去松脂

在松木的根部打孔，用油灯烧烤，使松脂流出。若松脂不去净，用墨时会有滞结之弊。

烧松木取烟

用竹条拼接成30多米长的圆顶棚屋，内外和接口都要用纸和草席糊紧密封，每隔一段留出一个小孔出烟。竹棚下接地处要盖上泥土，里面砌砖时要事先留出烟道。将砍下的松木结成一定尺寸，放在竹棚内烧数日。烧松烟时，点燃松木与放烟都是从头节开始，逐节进行，直到棚尾。松烟经烟道附着于棚壁，停烧冷却后，用鹅毛回收松烟。棚尾的“清烟”颗粒最细，可制上乘的书画用墨，中段的“混烟”可作一般墨

料，近端的“粗烟”只能作为印刷用墨，仍要研细后方可使用。

徽墨的制作工艺

徽墨的制作工艺已被列入国家级非物质文化遗产名录，这里以绩溪胡开文墨厂所用制作工艺为例，主要工序如下：

炼烟 将桐油加热雾化后再燃烧得到烟炱。这种方法的效率很高，所得油烟质地良好。炼好的烟要存放三年，退去“火性”，避免墨锭过燥。松烟在用前须加水浸泡数日，再用筛网淘洗，去除杂质。

制胶 胶用动物皮、骨熬煮而成，可将烟炱黏结成块。从前曾用鹿角胶和鱼鳔胶，现在用皮胶和骨胶，骨胶质地较次，用作普通墨锭。

和料 烟、胶及辅料的配比对墨质影响很大，故“和料”是徽墨制作的秘诀，通常一家作坊只有一人掌握全部诀窍。和成的料称墨稞（kē），须放在加热的炕炉内保温。

杵捣

杵捣 墨稞用方铁锤反复捶打，万捶不厌。捶打后的墨料烟细胶匀，

呈网状结构的胶将细微且高度分散的烟炱包裹起来，墨质变优。

压模　墨模又称墨脱，由“七木辏（còu）成，四木为墙，夹两片印板在内，板刻墨之上下印文，上墙露笋用栓，下墙暗笋嵌住墙，末用木箍之，出墨则去箍”（《墨法集要》）。墨模中带有纹样、文字的木板称为“墨印”，用坚实的石楠木刻制。

晾墨　需时至少半年，其间须翻晾以防变形，有的还要用纸包裹和吊挂起来晾干。

晾墨

打磨　方法各异，明代方于鲁所用刮磨法是“磋以锉，磨以木贼，继以脂帚，润以漆，袭以香药”（《方氏墨谱》），以达到“其润欲滴，其光可鉴”的效果。

打磨

填字　依照墨锭的图案、文字填描金银粉或其他颜料。

包装　制成的墨锭入盒，包装出售。好墨要配好盒，方相得益彰。

宋子曰：首山之采，肇自轩辕，源流远矣哉。九牧贡金，用襄禹鼎。从此火金功用日异而月新矣。夫金之生也，以土为母。及其成形而效用于世也，母模子肖，亦犹是焉。

【注释】宋子说，从黄帝时代便开始在首山采铜铸鼎了，源流非常久远了。夏禹统治九州时，令各州进贡金属以铸九鼎。从那以后，借助火力冶炼金属的工艺便日新月异地发展起来。金属产生于土，以土为母。当金属被铸成器物效用于世时，其形状与土质的模型很像，仍是以土为母。

第五部分

铸就辉煌——冶铸技术

人与动物的最根本区别是：能够制造和使用工具。人类进入到青铜器、铁器时代，金属工具为人类创造出丰富多彩的物质生活，也缔造了灿烂的物质文明。《天工开物》在《五金》《冶铸》《锤锻》等章，记载了中国古代矿冶铸造技术方面的辉煌成就。

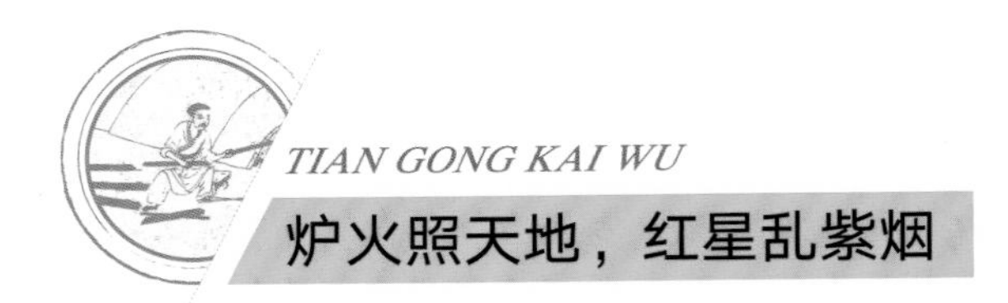

炉火照天地，红星乱紫烟

我们的祖国地大物博，矿产丰富。天然金属的使用要早于人工冶炼的金属，金属的加工工艺也要早于金属的冶炼。中国古代冶炼和使用的金属有铜、金、铅、锡、铁、银、汞、锌这八种。许慎《说文解字》称“凡金之属皆从金”，这是“金属”一词的由来。这里重点介绍金、银、铜、铁、锌五种常见金属的相关知识。

“五金之长”——黄金

“黄金为五金之长”，是五金中最贵重的，一旦熔化成型，很难再发生变化，这是黄金之所以珍贵的原因。中国的产金地区有一百多处，多数处在西南部。金子的原始状态大多是小颗粒或是粉末状的，都要先经淘洗然后进行冶炼，才能成为整颗整块的金子。金在冶炼时，最初呈现浅黄色，再炼就转化为赤色。

冶炼俗称拉火。石砌炉灶点火后，将包有金泥的纸包放入坩埚，熔化后，杂质逐渐蒸发，加入芒硝和硼砂造渣，提纯，倒入模具成锭，所有这些工序全凭金匠以经验掌控。

金在金属中的比重是最重的，同样的重量，体积却最小。黄金的另一种性质就是柔软，能像柳枝那样曲折。至于它的成分高低，大抵青色的含金七成，黄色的含金八成，紫色的含金九成，赤色的则是纯金了。纯金如果要掺别的金

属来作伪，只有银可以掺入，其他金属都不行。

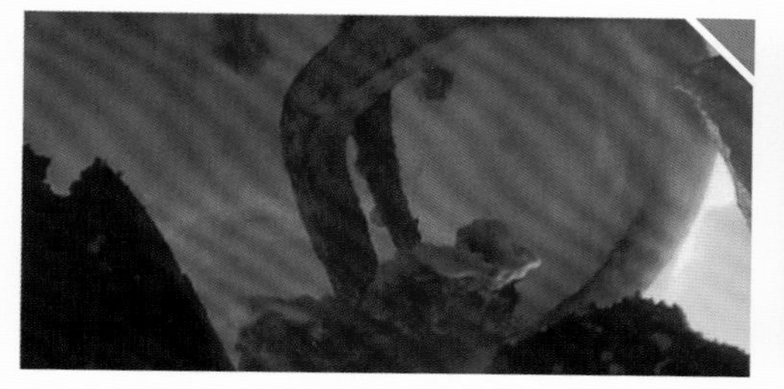

黄金造渣

浇铸成锭

古代流通货币——银

银矿的开采

中国古代，浙江、福建、江西、湖南、贵州、河南、四川、甘肃等地，都分布着优良的银矿；但是，这八个省合起来的产银总量还比不上云南省的一半。云南的银矿，以楚雄、永昌和大理三个地方储量最为丰富。在很长一段时间里，白银是流通的货币，因此需求量很大。

古人找矿的经验是：凡是石洞里蕴藏有银矿的，在山上面就会出现一堆堆带有微褐色的小石头，分成若干个支脉。采矿的人根据这一特点来找银矿矿脉。银矿石中，能炼出银的矿石叫礁，其中细碎的叫砂，其表面分布呈树枝状的叫作矿（指辉银矿），外面包裹着的石块叫作围岩。

炼银

银矿砂品质高的每斗可以炼出纯银六七两，中等的矿砂可以炼出纯银三四两，最差的只能炼出纯银一二两（那些特别光亮的礁砂，反倒由于里面的精华泄漏太多，最终得到的纯银反而偏少）。

炼银的炉子是用土筑成的，土墩高约1.7米，炉子底下铺上瓷片和炭灰之类的东西，每个炉子可容纳含银矿石2石。用栗木炭200斤，在矿石周围叠架起来。靠近炉旁还要砌一道砖墙用来隔热。风箱安装在墙背后，由两三个人拉动鼓风。火力够了，炉里的矿石就会熔化成团，这时的银还混在铅里而没有被分离出来。

银矿石熔成团后约有100斤。冷却后取出，放入分金炉（又名虾蟆炉）里，用松木炭围住熔团，透过一个小门辨别火候。可以用风箱或扇子鼓风，达到一定的温度时，熔团会重新熔化，铅就沉到炉底。要不断用柳枝从门缝中插进去燃烧，等铅全部被氧化成氧化铅，便提炼出纯银来了。

铜

铜矿开采得到的铜只有红铜一种，但是如果加入炉甘石或锌共同熔炼，就会转变成黄铜；如果加入砒霜等药物，还可以炼成白铜；加入明矾和硝石等药物可炼成青铜；加入锡则可炼成响铜；加入锌能得到铸铜。

铜矿石中有些只含铜，有的却是铜和铅混杂在一起。铜矿的冶炼方法是：在炉旁留高低两个孔，先熔化的铅从高一些的孔流出，后熔化的铜则从下面的孔流出。冶炼作业多在同一矿区。炼铜炉由炉基、炉缸、炉身组成，下设风沟以防止炉底冻结，炉壁设“金门”用来排渣和出铜。

长子响铜乐器——铜钹

制造乐器用的响铜，要把不含铅的两广产的锡放进罐里与铜一起熔炼。制造锣、鼓一类乐器，一般用红铜8斤，掺入广锡2斤；制铙、钹所用铜、锡还须进一步精炼。

锌

锌，古时称“倭铅”。它是用炉甘石熬炼而成的，大量出产于山西省太行山一带，其次是湖北省荆州和湖南省衡阳。由于锌很像铅而又比铅的性质猛烈，沿海地区饱受凶猛的倭寇之害，倭铅的倭就是取凶猛之意，并不是说倭铅是日本产的铅。

熔炼的方法是：每次将10斤炉甘石装进一个泥罐里，在泥罐外面涂上泥封固，再将表面碾光滑，让它渐渐风干。千万不要用火烤，以防泥罐开裂。然后用煤饼一层层地把装炉甘石的泥罐垫起来，在下面铺柴，引火烧红，泥罐里的炉甘石就能熔成一团了。等到泥罐冷却以后，将罐子打烂后取出来的就是锌。

铁

土锭铁和砂铁

全国各地都有铁矿。铁矿石有土块状的“土锭铁”和碎砂状的“砂铁”等数种。土锭铁矿石呈黑色，露出在泥土上面，形状好像秤锤，从远处看上去就像一块铁，用手一捏却成了碎土，我国西北的甘肃和东南的福建泉州都盛产这种“土锭铁”。而北京、遵化和山西临汾都是砂铁的主要产地。“砂铁”一挖开表土层就可以找到，将其取出来后进行淘洗，再入炉冶炼。

生铁和熟铁的冶炼

铁分为生铁和熟铁两种：已经出炉但是还没有炒过的是生铁，炒过以后便成了熟铁。把生铁和熟铁混合熔炼就变成了钢。

炼铁炉

炼铁炉是用掺盐的泥土砌成，大多设置在矿井附近。一座炼铁炉可以装铁矿石2000多斤，燃料有的用硬木柴，有的用煤或者用木。鼓风的风箱要由4人或者6人一起推拉。矿土化成了铁水之后，就会从炉腰的孔中流出来，这个孔要事先用泥塞住。每2小时就能炼出一炉铁。出铁之后，立即用泥把孔塞住，然后再鼓风熔炼。

熟铁的炒制

如果是生产供铸造用的生铁，就让铁水注入条形或者圆形的铸模里。如果是造熟铁，便在离炉子2米远、低20厘米的地方筑一口方塘，四周砌上矮墙。让铁水流入塘内，几个人拿着柳木棍并立在矮墙上。事先将黑色的泥料晒干，舂成粉，再筛成面粉一样的细末。一个人迅速地把泥粉均匀地撒播在铁水上面，另外几个人就用柳棍猛烈搅

拌，这样很快就炒成熟铁了。柳棍每炒一次便会燃掉二三寸，再炒时就得更换一根新的。

炒过以后，稍微冷却，有人在塘里直接划成方块，有人则拿出来捶打成圆块，然后出售。含碳2%以上的生铁要炒成熟铁，就要脱碳。用柳棍急速搅拌可以促进生铁水中碳的氧化，从而达到脱碳的目的。

百炼成钢

先将熟铁打成手指宽的薄片，然后将铁片包扎紧，将生铁放在扎紧的铁片上面（广东南部有一种叫堕子生铁的最好用）。再盖上破草鞋（要沾有泥土的，才不会被立即烧毁），在熟铁片底下还要涂上泥浆。投进炉内进行鼓风熔炼，达到一定的温度时，生铁会先熔化成铁水渗到熟铁里，两者相互融合。取出来后进行敲打，再熔炼、敲打，如此反复进行多次。这样锤炼出来的钢，俗称团钢，也叫灌钢，即渗碳钢。

铸造技艺

冶铸的历史十分久远。相传从黄帝时代便开始在首山（今河南襄城县境内）采铜铸鼎。夏禹统治九州，下令各州进贡金属，铸成象征天下大权的九座大鼎，冶铸技术从此迅猛发展。人们利用冶铸技术创造出的东西不胜枚举。

禹铸九鼎

铸鼎的历史，尧舜以前的已无法考证了。传说夏禹铸造九鼎，是因为当时九州根据各地现有条件和生产能力而缴纳赋税的条例已经颁布，各地每年进贡的物产和品种也已经有了具体规定。禹王担心后世帝王增加赋税，篡改贡物，不按其规定行事，便把这一切都铸刻在鼎上，令后人世代遵守。这就是当时夏禹铸造九鼎的原因。

鼎是中国古代最重要也最常见的青铜器之一。鼎原本是古代烹饪器具，禹铸九鼎之后，鼎便被视为传国重器，是国家与权力的象征。鼎是中国青铜文化的代表，也是古代文明的象征。

鼓钟锵锵

在古代，钟为金属乐器之首。大钟的响声5公里之外都能听得到，小的钟声也能传到500米以外。所以，皇帝临朝、官府升堂，都要用钟声来召集下属或者民众；举办各种官方宴会，必用编钟伴奏；佛寺仙殿，一定会用钟声来打动朝拜者的诚心。

铸钟的原料，以铜为上等，铁为下等。宋应星时代，朝廷上所悬挂的朝钟

全部是用响铜铸成的，原料有铜、锡、黄金、银，铸成以后重达1万公斤，高约3.8米！

钟鼎的铸造

铸造大钟和铸鼎的方法是相同的。先挖掘一个约3.5米深的地坑，坑内保持干燥，筑成房舍一样。将石灰、细沙和黏土调和后作为内模的塑形材料，内模要求做得没有丝毫的裂缝。

内模干燥以后，用牛油加黄蜡在上面涂几寸厚，牛油约占十分之八，黄蜡占十分之二。在模具的顶上搭建一个高棚用以防日晒雨淋（夏天不能做模子，因为油蜡不能凝固）。油蜡层涂好后，就可以在上面精雕细刻上各种所需的文字

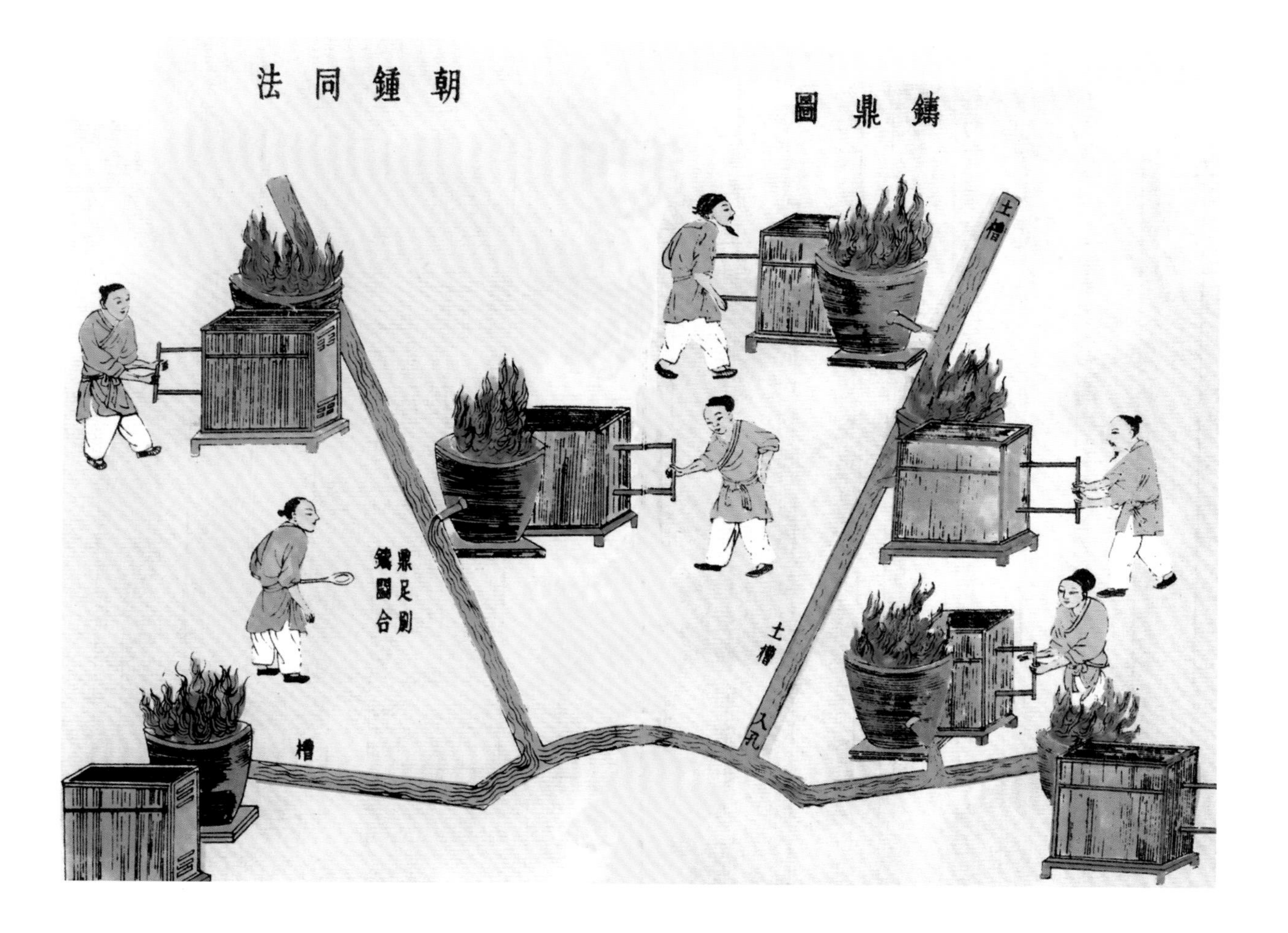

和图案，再用舂碎和筛选过的极细的泥粉和炭末，调成糊状，逐层涂铺在油蜡上约几寸厚，这就是外模。等到外模自然干透坚固后，便在上面用慢火烤炙，使油蜡熔化而从模型的开口处流干净。这时，内外模之间的空腔就是将来钟、鼎的形状了。

一般来说，每1斤油蜡空出的空腔需10斤铜来填充。要熔化的铜如果达到万斤以上，就要在钟模的四周修筑几个熔炉和泥槽，槽的上端与炉的出口连接，下端倾斜接到模子的浇口上，槽的两旁要用炭火围起来。当所有熔炉的铜都已经熔化时，就一齐打开出口的塞子（事先用泥土当成塞子塞住），铜溶液就会像水流那样沿着泥槽注入模内。这样，钟或鼎便铸成功了。

铁锅的铸造

锅（釜）用来储水、加热食物，日常生活中不可或缺。铸造锅的原料是生铁或者废铸铁器。铸锅的模子分为内、外两层。先塑造内模，等它干燥以后，锅的尺寸计算好，再塑造外模。这种铸模要求尺寸非常精确，稍有偏差，模子就作废了。

模子塑好并干燥以后，就要熔铁了，用泥捏造熔铁炉，炉膛要像个锅，用来装生铁和废铁原料。炉的背面接管通风，炉的前面捏一个出铁水的口。生铁熔化成铁水以后，用垫着泥的有柄铁勺从出铁口接铁水，倾注到模子里，一勺子铁水大约可以浇铸一口铁锅。不必等到冷却就揭开外模，查看有没有裂缝。这时锅身还是通红的，

如果发现有些地方铁水浇注不足，就马上补浇少量铁水，并用湿草片按平，不要留下修补过的痕迹。

铁锅铸成以后，用小木棒敲击它。如果响声像敲硬木头那样沉实，就是一口好锅；如果有其他杂音，就说明铁水的含碳量没处理好造成铁质未熟，或者是铁水中的杂质没有清除干净，这种锅将来容易损坏。

石范铸铁

这是云南省曲靖市会泽县的石范铸铁生产活动。

从会泽山上开采出的做范的石料

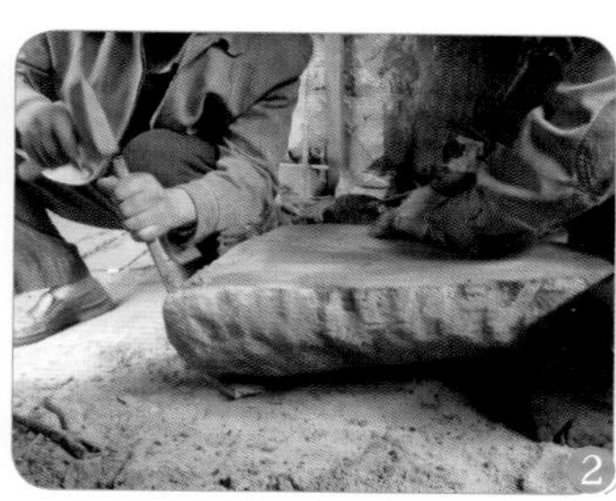

琢范——石范由上下两部分组成。图中是工匠们在凿刻石范

上下合范：两部分石范合起来，用铁箍箍紧，在竖立泥土中

浇注铁水：从石范上预留的小孔向石范内浇注铁水

开范：浇注铁水后约10分钟，将石范平放，去掉铁箍，打开石范。此时，石范中的铁水已经凝固，呈现出石范内腔的形状——犁头模样

取出犁头，放置地上进行自然冷却

冷却后，经过打磨，成品铁犁就铸造好了

鑄錢圖
模印錢母

▶ 铸造铜像、铜镜 ◀

铸造仙佛铜像，塑模方法与朝钟一样。但是钟、鼎不能接铸，而仙佛铜像却可以分铸后再接合，所以在浇铸方面是比较容易的。但是，这种接模工艺对精确度的要求很高。

铸镜的模子是用草木灰加细沙做成的，铸镜材料是铜与锡的合金（不使用锌）。唐朝开元年间（713—741年），宫中所用的镜子，都是白银和铜各占一半铸成的，所以每面镜子价值几两银子。铸件上有些像朱砂一样的红斑点，是其中夹杂着的金银的表现。

▶ 钱币的铸造 ◀

将铜铸造成钱币，是为了方便民众贸易往来。铜钱的一面印有“××（年号或国号）通宝（或元宝）”四个字，由工部下属的一个部门主管这项工作。通行的铜钱10文抵得上白银1分的价值。

铸造10斤铜钱，大约需要六七斤红铜和三四斤锌。铸钱时用来熔化铜的坩埚，是用最细的泥粉和木炭粉混合后制成的。冶炼时，先把铜放进熔铜坩埚中熔化，再加入锌，鼓风使它们熔合之后，倾注入模子。

明清铜钱（正背面）
上排左起：洪武通宝、西王赏功、天启通宝
中排左起：顺治通宝、雍正通宝、咸丰元宝
下排左起：光绪元宝（四川省造当三十）、大清铜币、光绪元宝（安徽省造）

铸钱的模子，是用4根木条做成空框，用非常细的泥粉和木炭粉混合后填实空框，上面还要撒上少量的杉木或柳木炭灰，有时还用松香和菜籽油混合燃烧的烟来熏模。然后把100枚用锡雕成的母钱（钱模）按有字的正面或者按无字的背面铺排在框面上，又用一个如上述方法填实泥粉和木炭粉的木框合盖在一起，就构成了钱的底、面两框模。接着，把它翻转过来，揭开前框，全部母钱就脱落在后框上面了。再用另一个填实了的木框合盖在后框上，照样翻转，就这样反复做成十几套框模，最后把它们叠合在一起，用绳索捆绑固定。

木框的边缘上原来留有灌注铜液的口子，铸工用鹰嘴钳把熔铜坩埚从炉里提出来，另一个人用钳托着坩埚的底部，共同把铜熔液注入模子中。冷却之后，解下绳索，打开框模。这时，密密麻麻的铜钱就像累累果实结在树枝上一样呈现在眼前。因为模中原来的铜水通路也已经凝结成树枝状的铜条网络了，所以要把它夹出来将钱逐个摘下，以便于磨锉加工。先锉铜钱的边沿，方法是用竹条或木条穿上几百个铜钱一起锉，然后逐个锉平铜钱表面不规整的地方。

失蜡法铸造工艺

失蜡法铸造工艺在春秋时期即已臻于成熟，可上溯至商代的失模法。工艺流程为：制芯，制作蜡模，出蜡与收蜡，铸型焙烧与焙化，浇注，铸后清理及着色（戗黄）。

铜佛泥芯

制作蜡模

制作成的观音像蜡模

给蜡模配上浇冒口和芯撑

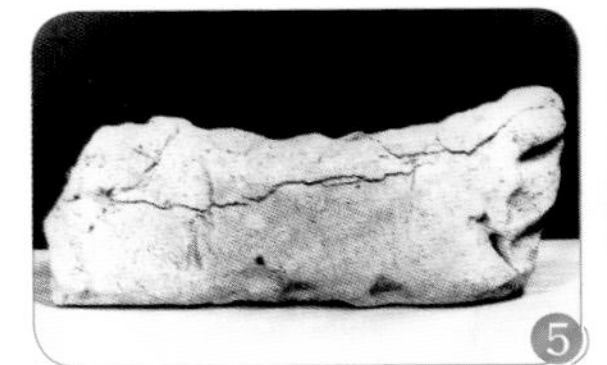

焙烧后的观音像铸型

出型后的坯件

铸后加工

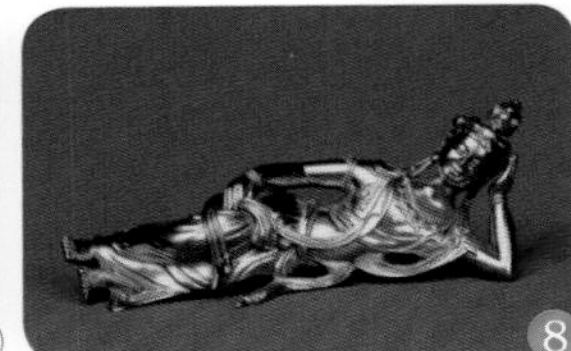

着色后的观音铜像

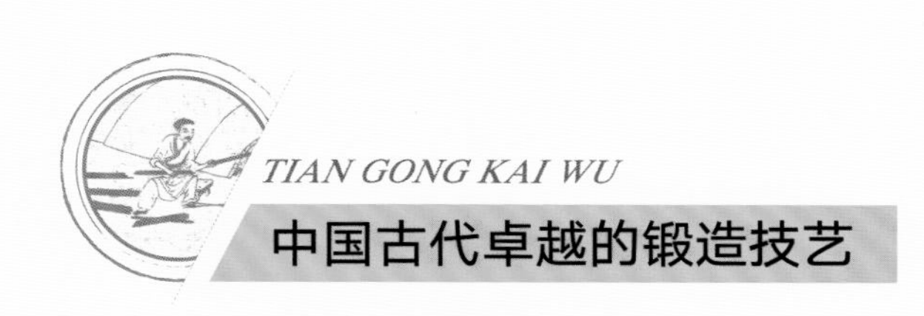

TIAN GONG KAI WU

中国古代卓越的锻造技艺

宋应星认为，锻造就是将金属等材料加工成各式各样的器物。如果没有得力的工具，即便是鲁班那样的能工巧匠，也无法施展技巧吧？而经过熔炉烈火锻造工具和器物，就显得尤为重要了。

锻造铁器

锻造铁器，是用熟铁作为原料。刚出炉的熟铁叫“毛铁”，锻打时有大约十分之三的毛铁会变成铁花和铁渣损耗掉，已经成为废品但还没锈烂的铁器叫“劳铁”，将它熔炼后锻打只会损耗十分之一。

把要锻造的铁逐节接合起来，要在接口处涂上黄泥，烧红后立即将它们锤合，这时泥渣就会全部飞掉，这里黄泥只是用作媒介。铁器锤合之后，除非烧红再用斧子砍，否则是永远不会断的。熟铁或者钢铁烧红锤锻之后，由于水火作用还未完全调和，质地还不够坚韧。要趁出炉时将其放进清水里淬火，名为“健钢”“健铁”。

焊接铁的方法，西方各国另有一些特殊的焊接材料。我国小焊用白铜粉作为焊接材料；进行大焊接时，则是尽力敲打使之强行接合，但是过一段时间，接口就不牢固了。因此，大炮虽然在西方有锻造而成的，而在中国，大炮则完全是靠铸造而成的。

铁制兵器

铁制兵器中，薄的是刀、剑，背厚而刃薄的是斧头、砍刀。最好的刀剑，表面包的是百炼钢，里面仍然用熟铁做骨架。如果不是钢

面铁骨的话，用力过猛就会折断。通常所用的刀斧，只是嵌钢在刃面上，即使是能够斩金截铁的贵重宝刀，磨过几千次以后，也会把钢磨尽而露出铁来。热处理过的刀、斧，都先要嵌钢或者包钢，修整以后再放进水里淬火，要想使其锋利，还得在磨石上多费力才行。

铁制农具

凡是开垦土地、种植庄稼，都要使用锄头、犁这类农具。它们一般先用熟铁锻打成型，再熔化生铁淋在锄口，入水淬火之后，就会变得硬而坚韧了。重一斤的锹、锄，淋生铁三钱（约10克）最好，淋少了不够坚硬，多了又会太硬而容易折断。

锻造成针

制造针的具体步骤大概是：先将铁片锤成细铁条，另外在一把铁尺上钻出小孔作为线眼，然后将细铁条从线眼中抽出拉成铁线，再将铁线逐寸剪断成为针坯。把针坯的一端锉尖，而另一端锤扁，用钢锥钻出针鼻（穿针眼），再把针锉平整。然后放入锅里用慢火炒。炒过之后，用土面、松木炭粉和豆豉这三种混合物掩盖，下面再生火加热。留两三根针插在混合物外面试火候用。当外面的针能用手捻成粉末时，表明下面的针已经达到火候了。然后开封，入水淬火，针就做成了。

锻造法做针要比打磨做针快得多，“铁杵磨成针”只是赞扬做事的毅力与恒心的典故罢了。

系巨舰于狂澜的锚

每当船只航行遇到大风难以靠岸停泊的时候，船体的安全就完全依靠锚了。战船或者海船的锚，有的重量达到500公斤。它的锻造方法是先锤成四个锚爪，再逐一接在锚身上。黏合用的“合药”不是黄泥，而是用筛过的旧墙土，由一人将土不断地撒在接口上，同时捶打锻造，这样，接口就不会有缝隙了。在炉锤工作中，锚算是最大的锻造物件了。

冶铜

红铜、黄铜、白铜、响铜

红铜要加锌才能冶炼成黄铜，再熔化以后才能制造成各种器物。如果加上砒霜等配料冶炼，可以得到白铜。白铜加工困难，成本也很高，只有阔气的人家才用得到它。用炉甘石升炼而成的黄铜，熔化后要趁热锤打。如果是加锌炼成的黄铜，则要在出炉冷却后再锤打。铜加锡炼成的响铜，可以用来制作乐器，制造时要用一块完整的响铜来

加工，而不能用焊接而成的。

至于其他的方形或者圆形的铜器，都可以通过焊接或加热来黏合。小件的焊接用锡粉作为焊料，大件的焊接则要用响铜的粉末作为焊料，把响铜打碎加工成粉末，用米饭黏合后再进行舂打，最后把饭渣洗掉便能得到铜粉了。如果不用米饭黏合的话，舂打时铜粉就会四处飞散产生很大损耗。焊接银器要用红铜粉作为焊料。

锻造乐器

锣不必经过铸造，在金属熔成一团之后直接精心锤打即可。锤钲（zhēng，古代行军时用的锣）与镯（即铜鼓）时，则要先铸成圆片，然后将铜料铺在地上锤打，铜块或铜片会由小逐渐延展开，冷锤锤打后，锻件会发出乐声。铜鼓的中心要打出一个突起的圆包，然后再用冷锤敲定音色。声音分为高低两种，一般而言，重打数锤的声调比较低，而轻打数锤的声调比较高。铜质经过敲打以后，表层会呈白色而无光泽，但是锉过之后又会呈现黄色且恢复光泽了。

现代冶铜技艺

长子响铜乐器

山西省长子县手工制造响铜乐器历史悠久，享誉天下。

长子铜钹以铜锡为原料，配料后装入坩埚熔化，然后倾入铁范内成为饼状铜锭。铜锭经过高温加热后水淬，继之以反复锻打成型，经精心地表面加工和调音得到成品。所制响铜乐器品类繁多，主要有平调大锣、蒲剧锣、高调锣等数十种之多。这项技艺已于2008年列入国家级非物质文化遗产名录。

定音：完全抛光后，继续调整音色、音质和音调

锻制云南白族铜火锅

云南白族锻制火锅，一般是夫妻一起干。锤打火锅粗坯时，妻子当副手，帮助将工件退火、上料。用手工成型时，妻子做些粗活，锤打火锅的配件。做细活都以男人为主，特别是烟筒的收型，既是重活又是细活，多由男人锤打。

云南白族铜火锅

云南大理白族铜匠李师傅，42岁，鹤庆县罗伟邑村人，15岁学艺，是铜匠村里优秀的艺人，造型能力强。他制作的铜锅造型饱满圆润，线形转折、体量比例都很讲究。

宋子曰：水火既济而土合。万室之国，日勤一人而不足，民用亦繁矣哉。上栋下室以避风雨，而瓴建焉。王公设险以守其国，而城垣、雉（zhì）堞（dié），寇来不可上矣。

【注释】宋子说，通过水火的交互作用，将黏土烧制成陶器供人使用。有万户人家的地方，只有一人勤于制陶是无法满足需求的，可见民间用的陶器是很多的。房屋要避风雨，就要在屋顶盖瓦。王公设险阻以守国，就要用砖修城墙和女墙，使敌人攻不进来。

第六部分

中国名片陶与瓷

宋应星在《天工开物·陶埏（shān）》一章中，很详细地介绍了陶瓷制作技艺。埏指用水和土和泥。宋应星在书中感慨地说：在日常生活中，修建房屋来避风雨要用砖瓦；修筑城墙、防守邦国，要用砖；一日三餐，离不开清洁的陶瓷容器，陶器、瓷器的应用实在是太广泛了！

中国陶瓷工艺的发展，不仅为人们的日常生活提供了性能优良的用器，也制作出了许多精美的艺术品，对世界物质文明创造做出了重要贡献。瓷器是中国的伟大发明，对世界的影响很大，以至于中国的英文名称（China）就是瓷器的意思，这项伟大的发明创造，是大气、优雅的中国形象。

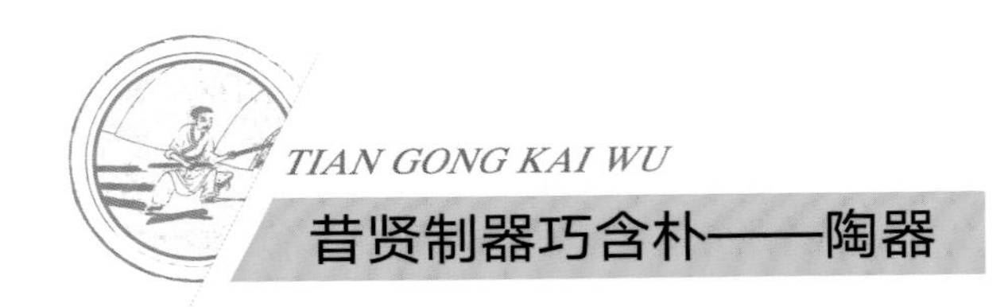

昔贤制器巧含朴——陶器

陶器是人类早期用水、土和火制作的器物，制作过程中水和火改变了黏土的性质，创造了最早的人工新物质材料。目前在中国境内发现的7000年以前的陶器或陶器残片，以广西桂林市庙岩遗址陶片的测定年代为最早，大约在公元前13000年。

最早的陶器

早在新石器时代，我国先民在生活实践中认识到黏土经水调和后具有可塑性，能够塑造成容器形状，晒干硬结后有一定的强度，可以盛装固体物质。偶然的机会，土坯状态的容器经火烧后，不但硬度加强了，而且烧结在一起，经水浸泡后仍能保持容器的既成状态，最早的陶器便产生了。

当时的陶器与人们的生活和生产休戚相关，是当时定居生活最基本的用具，为农耕种植提供了储存种子和粮食的容器，在社会生活和生产中发挥着重要

作用。

新石器时代中期（7500年前—5000年前），烧陶已采用横穴窑或竖穴窑。从无窑到有窑烧陶在技术方面是一大突破。烧造陶器窑炉技术的改进，是保证产品质量的关键，也是对火的利用和控制能力的表现。使烧成温度从低于1000℃逐步提高到高于1300℃，为中国从制陶到发明瓷器创造了必要的设备条件。

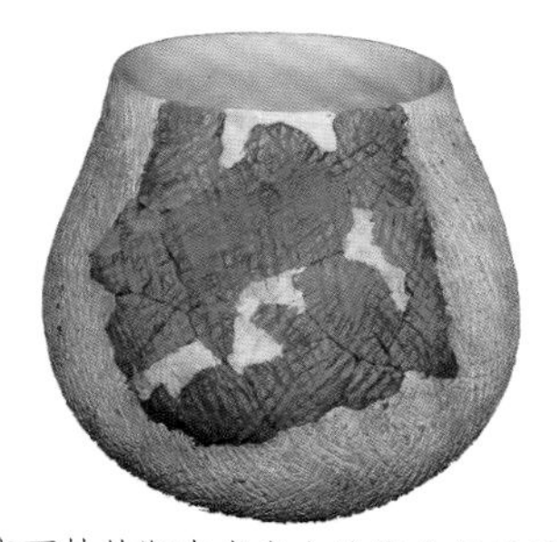
广西桂林甑皮岩出土的陶片复原件

揉黏土以造瓦

制造瓦片用的泥料要选择不含沙子的黏土。民房所用的瓦是四片合在一起成型的。先用圆桶做一个模型，圆桶外壁画出四条界线，黏土调和好之后，用脚踩成熟泥，堆成一定厚度的长方形泥墩。然后用一个铁线弦弓在泥墩上割出一片1厘米厚的陶泥，像揭纸张那样把它揭起来，将这块泥片紧包在圆桶模型的外壁上。等它稍干一些以后，将模子脱离出来，就会自然裂成四片瓦坯了。

瓦坯干燥后，堆积在窑中，点火烧柴，烧一两天，根据窑中物料多少来定。垂在房檐端上的瓦叫“滴水瓦”。房脊两边的瓦叫“云瓦”，覆盖房脊的叫“抱

明代建筑上的琉璃瓦

同瓦”，房脊两头的瓦装有鸟兽形象。

至于皇家宫殿所用的瓦的制作方法，就大不相同了。例如琉璃瓦，所用的黏土定要取自安徽太平府（今安徽省马鞍山市当涂县）。瓦坯造成后，入窑烧，烧成功后取出上釉，涂成绿色、青黑色或者黄色。然后再装入另一窑中，低温慢慢烧成带有琉璃光泽的漂亮色彩。外省亲王宫殿和寺观庙宇，也有用琉璃瓦的，釉料配方和制法各有不同。民房是禁止用琉璃瓦的。

砖的烧制

砖坯的制作

炼泥造砖，也要挖取地下的黏土，以黏而不散、土质细而没有沙的最为适宜。先要用水浸润泥土，再赶几头牛踩成稠泥，然后将稠泥填入木模子，用铁线刮平表面，脱下模子就成砖坯了。

牛将黏土踩成稠泥

烧窑的火候

砖坯做好后就可以装窑烧制了。每装1500公斤砖要烧一个昼夜。烧砖有的用柴薪窑，有的用煤炭窑。用柴烧成的砖呈青灰色，而用煤烧成的砖呈浅白色。柴薪窑顶上偏侧凿有三个孔用来出烟，烧到停止加柴时，就用泥封住出烟孔。这时就可以浇水转釉了。

烧窑时要注意从窑门往里面观察火候，这要靠老师傅的经验来辨认掌握。如果火力缺少的话，砖就会没有光泽，而且日后经不住风霜雨雪的侵蚀，很容易粉碎；如果过火，砖面就会出现裂纹，而且过脆，一敲就碎，如同一堆烂铁，不能用来砌墙盖房了。

浇水转釉

使砖变成青灰色的方法，是在窑顶砌一个平台，平台四周应该稍高一点，在上面灌水。每烧3000斤砖瓦要灌水40担。窑顶的水从窑壁的土层渗透下来，与窑内的火相互作用。借助水火的配合作用，就可以形成坚实耐用的砖块了。

皇宫里所用的砖，大厂设在山东临清（今山东省临清市），由工部设立专门机构掌管。用来砌皇宫正殿的细料方砖，是在苏州烧成后再运到京城的。而制琉璃砖的土取自安徽太平府，燃料来自北京台基厂（位于北京崇文门西），烧造在黑窑厂（位于北京右安门内，明代专为皇宫烧造砖瓦的官厂）。

造缸

陶制容器的烧制

除了砖瓦，生活中不可缺少的各种容器也是陶器中的一大类。宋应星在书中描述了瓶、缸的制作过程。

瓶窑用来烧制小件的陶器，缸窑用来烧制大件的陶器。山西、浙江两省的缸窑和瓶窑是分开的，其他各地的缸窑和瓶窑则是合在一起的。制造大口的缸，要先转动陶车分别制成上下两截，然后再接合起来，接合处用木槌内外打紧。制造小口的坛瓮也是由上下两截接合成的，只是里面不便捶打，便预先烧制一个像金刚圈那样的瓦圈承托内壁，外面用木槌打紧，两截泥坯就会自然地黏合在一起了。

缸窑和瓶窑都不建在平地上，而是必须建在山冈的斜坡上，长的窑有八九十米，短的窑也有三十多米，几十个窑连接在一起，一个比一个高。这样依傍山势，既可以避免积水，又可以使火力逐级向上渗透。几十个窑连接起来所烧成的陶器，其中虽然没有什么昂贵的东西，但也是集合大量人力、物力而造出来的。

窑顶的圆拱砌成之后，上面要铺一层约10厘米厚的细土。窑顶每隔1.6米左右开一个透烟窗，窑门是在两侧相向而开的。小的器物装入最低的窑，大的缸、瓮则装在最高的窑。烧窑是从最低的窑烧起，两个人面对面观察火候。烧制130斤陶器，大约需要用柴100斤。当第一窑火候足够之时，关闭窑门，依次在第二个窑门点火，就这样逐窑一直烧到最高的窑为止。

瓷器的制作

陶器在世界各个古代文明的中心都是各自独立创造和发展的。但是，瓷器则是中国的独创。瓷器与陶器是不同的东西，瓷器的制作技艺是在陶器的制作技艺的基础上发展而来的。作为瓷器，应该具备几个条件：一是胎质细腻呈白色；二是经过1200℃以上的高温烧成；三是胎质致密、不吸水分、叩之有清脆的金石声。

宋应星在书中以白瓷、青瓷为例，对当时的瓷器烧制技艺做了记述。同时，重点以景德镇的发展为脉络，叙述了我国瓷艺发展演进的历程。

中国早期的瓷器

早在商代中期，先民已经烧造出具有瓷器属性与特征的青釉器，因为处在初始阶段，所以称之为原始瓷器。由于原始瓷器的釉色多呈青绿色、青黄色或豆绿色，也称其为“原始青瓷”。

瓷器的烧造，原料是最基本的物质条件，而烧成温度是决定原料转化程度的重要因素，二者相辅相成，缺一不可。提高烧成温度必须改进烧成方式和方法。商代中期，我国南方已经掌握利用地形的坡度建立小型龙窑，同时还建造有烟囱的室形窑，改善了烧成条件，烧成温度能够达到1200℃，所以才会烧造出原始瓷器。

商代青褐绿釉原始青瓷尊

从商代晚期经过西周和东周，原始瓷器的制造工艺在南方和北方都得到迅速发

展，到东汉晚期已能烧造出成熟的瓷器。制瓷技艺在发展中精益求精，产品成型制作规整，加工细致严格；瓷胎细腻纯净，质地坚实致密；釉色丰富而含蓄；造型实用、美观。成熟的青釉瓷器从浙江向外扩展，在江苏、安徽、江西、湖南、四川、福建、广东也都有青釉瓷器的烧造。

釉的出现

原始瓷器的胎体表面有一层玻璃釉，颜色有青灰、青黄、黄褐或黄灰，还有深绛色，都属于原始的青釉。釉的发现源于以树木柴草一类植物为燃料，烧制过程中在胎体表面留下一层玻璃状的物质。受此启发，人们开始用草木灰来制作釉料。

《天工开物》中记载，当时江苏、浙江、福建和广东一带的陶坊，把蕨蓝草烧成灰，装进布袋里，灌水过滤，除去粗的而只取其极细的灰末。每两碗灰末，掺一碗红土泥水，搅匀，就变成了釉料，将它涂到坯上，烧成后自然就会出现光泽。这是我国首创的高温釉，也是实现成熟瓷器的必要条件之一。

端庄细腻的青瓷

我国早期的瓷器都属于青釉瓷器，北方烧造青釉瓷器晚于南方。制瓷原料中都含有一定量的铁，由于瓷胎和釉的含铁量不同，烧成的温度也不尽相同，所以烧造的青釉瓷器的色调深浅也有差别。工匠们经过长期的生产操作，逐步掌握含铁量与呈色的关系，使青釉瓷器的品质不断提升。

北齐范粹墓白瓷绿彩长颈瓶

北方窑场在烧造青釉瓷器的基础上，成功地掌握了控制瓷胎和釉中含铁量的技艺，

在北朝时烧造出了早期的白瓷。河南安阳范粹墓出土了一批北齐武平六年（575年）的白釉瓷，这是考古发现的最早的白釉瓷。

宋代是青瓷发展的独特时期，儒雅的社会文化氛围，格调超然的审美追求，精湛纯熟的技艺，创造了青瓷作品的历史高峰。其中著名的汝窑、官窑、钧窑、龙泉窑均属宋代五大名窑，而且各具独特风格，作为工艺品，审美意蕴，典雅，创造了青瓷艺术的高峰。

宋代汝窑三足奁（lián）

隋代白釉罐

冰清玉洁的白瓷

白瓷从北朝开始烧造以来，到隋唐已进入成熟时期，形成了我国陶瓷历史上“南青北白”的格局。北方白瓷的烧造是制瓷工艺技术的新创举，使我国成为世界上最早拥有白瓷的国家。

宋代白瓷以定窑最为著名，是五大名窑中唯一的白瓷窑。定窑风格样式独特，造型装饰精致，制作技术纯熟，揭开了北方瓷器发展的新篇章，也促进了南方白瓷烧造的蓬勃发展。

南方白瓷最具代表性的是始于五代时期的景德镇的青白瓷，瓷胎洁白，釉色白

宋代定窑白瓷盖罐

中泛青，进而发展为白瓷。景德镇白瓷在此基础上异军突起，瓷器品类丰富多彩，技术与艺术成就卓然，开拓了中国瓷器发展的新天地。

宋代景德镇青白瓷梅瓶

日臻成熟的制瓷技术

元代景德镇制瓷技艺日臻成熟，瓷器生产迅速发展，进入了新的历史时期。各种类型的白瓷饮食用具开始大量生产，同时，优质的白瓷也给彩绘艺术提供了新的载体。元代著名的釉下彩绘装饰——青花和釉里红——开始步入成熟时期，出现了许多优秀的作品。

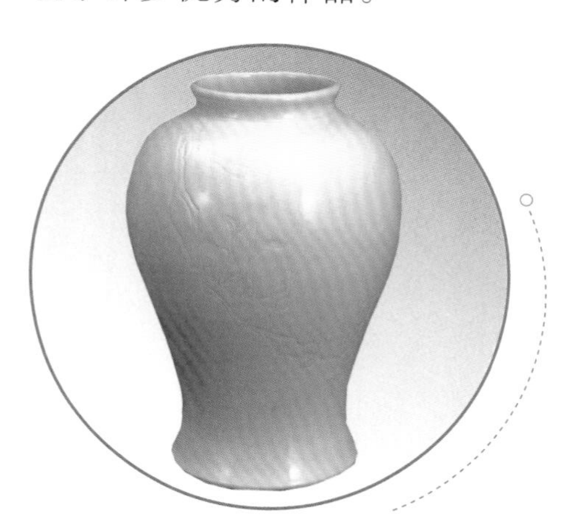

明代德化窑白瓷玉兰纹尊

福建德化窑白瓷烧造初创于宋代，明代是德化瓷器生产发展的繁荣时期。当地拥有得天独厚的制瓷原料，烧造的瓷器洁白素雅，质地纯净，如象牙，似白玉，形成了独具一格的德化白瓷。德化瓷塑艺术成就卓著，以线为主的表现手法独树一帜，观音像与达摩像最具代表性，塑造技艺精湛，充分体现了瓷质的特点。

元代景德镇釉里红松竹梅玉壶春瓶

瓷都景德镇

景德镇的崛起

江西景德镇早在五代时就开始烧造陶瓷，到宋代以其得天独厚的瓷土资源和水陆交通、物资供应等优越条件，吸引了来自各地的身手不凡的匠师，构成了宏大的瓷窑体系，并烧成胎质白度和透明度都很高、青翠如玉、精美绝伦的青白瓷器，蔚为时尚。

元代，景德镇在汲取各名窑的制作技艺与经验的基础上不断创新，继青白瓷后，烧出色调偏暖的卵白瓷，之后，又大量创制各色彩绘瓷，其中釉下青花成为其主流产品，不但占领国内市场，还旺销海外。

闻名世界的青花瓷

青花瓷是以钴（gǔ）料在瓷胎上绘画、纹饰，然后罩以透明釉料，经1270℃左右高温一次烧成，呈现蓝色花纹的釉下彩瓷器。元代青花瓷器的烧造成功，是中国陶瓷发展史上具有重大历史意义的事件。

青花瓷有很多优点：一是青花的着色力强，色泽鲜艳，烧成范围较宽，呈色稳定，易于烧造；二是青花为釉下彩，纹饰永不褪色；三是青花瓷的白底蓝花，有明净、素雅之感，颇具中国传统水墨画的艺术效果，具有实用、美观的特点；四是其青花所用青料在中国南方几省均有蕴藏，原料来源充裕。

元代景德镇青花莲池纹碗

由于具有上述其他种类瓷器所无法比拟的优点，青花瓷一经问世，便受到国内外人们的普遍赞誉，成为景德镇瓷器生产的主流产品，风靡海内外，被当作中国最具民族特色的瓷器而闻名于世，景德镇窑亦因此而迎来了空前的繁荣。

集中国历代名窑之大成

明初，随着全国各大窑场的萧条，具有各种特殊技能的制瓷工匠相继汇聚于景德镇，形成了明代景德镇“工匠八方来，器成天下走”的兴盛局面。传统制瓷技艺更加规范，釉下彩绘装饰发展的同时，釉上彩绘装饰也在创新中得到丰富。明代的五彩装饰颜色鲜明，感染力强；斗彩装饰色调丰富，变化自然。

明代五彩鱼藻纹盖罐

至清代乾隆时期的唐窑，以景德镇为代表的中国陶瓷生产已达到集中国历代名窑之大成的鼎盛阶段。当时唐窑的成就集北宋以来历代官窑的技艺特长，继承和创制的品种多达数十种！至此，景德镇“瓷都”的美名享誉海内外！

清代珐琅彩缠枝纹蒜头瓶

巧夺天工的技法

宋应星根据实地考察所得，以景德镇等地窑场为例，详细介绍了烧造瓷器的一般性工艺流程和操作技法。

瓷土有讲究

过去，人们将制瓷用的白色黏土叫白土，陶坊用它来制造出精美的瓷器。我国只有几个地方出产这种白土：北方有河北定县、甘肃华

亭、山西平定及河南禹县，南方有福建德化（土出自永定县，窑却在福建德化）、江西婺（wù）源和安徽祁门。其他地方出的白土，拿来造瓷坯不够黏，但可以用来粉刷墙壁。

自古以来，景德镇都是烧制瓷器的名都，但当地却不出产白土。白土出自江西婺源和安徽祁门两地的山上：其中的一座名叫高梁山，出粳米土，土质坚硬；另一座名叫开化山，出糯米土，土质黏软。只有将两种白土混合，才能做成瓷器。将这两种白土分别塑成方块，用小船运到景德镇。

造瓷器的人取等量的两种瓷土放入臼内，舂一天，然后放入缸内用水澄清。浮在上面的是细料，把它倒入另一口缸中，下沉的则是粗料。细料缸中再倒出上浮的部分便是最细料，沉底的是中料。澄过的料，分别倒入窑边用砖砌成的长方形的塘内，借窑的火力将泥料烘干，再重新加清水调和造瓷坯。

瓷　坯

瓷坯有两种。一种叫印器，有方有圆，如瓶、瓮、炉、盒之类，朝廷用的瓷屏风、烛台也属于这一类。先用黄泥制成模印，模具或者左右两半，或上下两截，或是整体模型，将瓷土放入泥模印出瓷坯，再用釉水涂接缝处让两部分合起来，烧出后自然就会完美无缝。

另一种瓷坯叫圆器，包括数不胜数的大小杯盘之类，都是人们的日常生活用品。圆器产量约占了十分之九，而印器只占十分之一。

圆器的制造

制造圆器坯，要先做一辆陶车。用直木一根，埋入地下1米左右固定住。露出地面约66厘米，在上面安装一上一下两个圆盘，用小竹棍拨动盘沿，陶车便会旋转，用檀木刻成一个盔帽放在上盘的正中。

造杯盘没有固定的模式，用双手捧泥放在盔帽上，转动圆盘，用

剪净指甲的拇指按住泥底，使瓷泥沿着拇指旋转向上展薄，便可捏塑成杯碗的形状。初学者塑不好没有关系，因为陶泥可以反复使用。技术熟练的人，即使做千万个杯碗，也能像是同一个模子印出来的。

用手指在陶车上旋成泥坯之后，翻过来在盔帽上压印一下，稍晒至还有一点水分时，再压印一次，晒至极干并呈白色，蘸水后带水放在盔帽上用利刀刮两次。瓷坯修好后放在陶车上旋转。接着，在瓷坯上绘画或写字，喷上几口水，然后再上釉。

特殊的花纹

在制造大多数碎器、千钟粟和褐色杯等瓷器时，都不用上青釉料。碎器即碎瓷，表面釉层有装饰性裂纹的瓷器，宋代哥窑创制。制造碎器时，用利刀修整瓷坯后，放在阳光下晒得极热，在清水中蘸一下随即提起，烧成后自然会呈现裂纹。日本收藏家非常珍视我国古代的碎器，不惜重金购买真品。千钟粟指带米粒状花纹的瓷器，千钟粟的花纹是用釉浆快速点染出来的。褐色杯则是用老茶叶煎的水抹在坯上而成的。

景德镇的白瓷釉是用“小港嘴”（景德镇附近）的泥浆和桃竹

（阳桃藤）叶的灰调匀而成的，很像澄清的淘米水。泉州德化窑的瓷仙人，是用松毛灰和瓷泥调成浆作为釉料的。瓷器上釉，先要把釉水倒进泥坯里摇荡挂釉，然后再用手指蘸釉涂边，釉水刚好顺着边沿流遍全体。

烧制瓷器

瓷坯经过画彩和上釉之后，装入匣钵。匣钵是用粗泥制成的，一个泥饼托住一件瓷坯，底下空的部分用沙子填实。大件的瓷坯一个匣钵只能装一个，小件的瓷坯一个匣钵可以装十几个。好的匣钵可以烧十几次，差的匣钵用一两次就坏了。

把装满瓷坯的匣钵入窑后，就开始点火烧窑。窑顶有12个圆孔，叫天窗。先从窑门点火烧20小时，火力从下向上攻，然后从天窗丢柴火入窑烧4小时，火力从上往下透。烧24小时火候就足了。瓷器在高温烈火中会软得像棉絮一样，用铁叉取出一个样品来检验火候是否已足。火候足了就应该停止烧窑了。造一个瓷杯，要经过七十二道工序才能完成，其中许多细节还没有计算在内呢！

中国，China

在世界陶瓷发展的历史进程中，中国不但发明了瓷器，而且在不断发展和提高工艺技术的同时，创造了与其相适应的造型、装饰的样式和风格，在传播制瓷技术的同时，也以其深厚的陶瓷文化影响和丰富着世界。

根据考古资料，中国瓷器在发明之后，从唐代开始通过陆路和水路远销到朝鲜、日本、越南、马来西亚、菲律宾、印度尼西亚、泰国、印度、伊朗、伊拉克、埃及和东非等地。从16世纪初，中国瓷器开始由葡萄牙和西班牙商人销往欧洲，到17世纪至18世纪初，中国瓷器在欧洲的销售由荷兰商人垄断。之后是欧洲各国来华直接进行瓷器贸易，中国瓷器大量运往欧洲，贸易达到高峰。

中国瓷器向国外输出，制瓷技术也随之传播。最早向中国学习制瓷技术的是朝鲜，10世纪初，朝鲜开始在国内设窑烧造瓷器。日本在8世纪引进我国的烧窑技术，13世纪初派匠师到福建学制瓷技术，回国后在濑户烧造瓷器。埃及在12世纪仿制中国瓷器成功。1470年，意大利人学会了中国的制瓷技术，首次在欧洲烧造出瓷器。1709年，德国人最先成功地学习和掌握了中国制瓷技术，烧造出第一批优质瓷器。此后，法国于1738年，英国于1745年，荷兰于1764年，美国于1890年，先后学会中国的制瓷技术，造型装饰也受其影响，生产出风格独特的瓷器。

中国制瓷技术的发明，不仅为人类的日常生活制造了性能优良的用具，同时提供了精美的艺术作品，对世界物质文明发展做出了重要贡献，受到各国人民的青睐，以至于英文中的瓷器（china）与中国（China）同属一词。陶瓷，名副其实的中国名片！

宋子曰：兵非圣人之得已也。虞舜在位五十载，而有苗犹弗率。明王圣帝，谁能去兵哉？『弧矢之利，以威天下』，其来尚矣。为老氏者，有葛天之思焉。其词有曰：『佳兵者，不祥之器。』盖言慎也。

【注释】宋子说，兵器是圣人不得已而使用的。虞舜在位五十年，而苗人仍不顺服。历代的明王圣帝，谁能放弃兵器呢？『武器的功用在于威慑天下』，这种说法由来已久。老子被认为有葛天氏的思想，他说过：『兵器是一种不祥之器。』这说明使用武器时要慎重行事。

第七部分

十八般兵器与新式枪炮

宋应星在《天工开物·佳兵》一章中讲道：兵器很早就有了。虽然兵器是用来杀人的，然而再圣明的统治者也会拥有兵器。所以，古人留下了“武器的功用，就在于威慑天下”的箴言。

在冷兵器时代，“十八般兵器”是中华武艺和武器的象征。近代戏曲界有人称之为“刀、枪、剑、戟、斧、钺、钩、叉、鞭、锏、锤、抓、镋、棍、槊、棒、拐、流星锤”等十八种兵器。为便于记忆，也有“刀枪剑戟，斧钺钩叉，镋棍槊棒，鞭锏锤抓，拐子流星”的说法。

制造新式枪炮的技巧，是西方人较早使用的，后来经由西域和南方，传到中国来，紧接着很快就在中国迅速发展。

宋应星在书中介绍了几种重要兵器的制作和使用方法。

挽弓当挽强，用箭当用长

弓箭，是人类最早使用的远距离杀伤性武器之一，各国几乎都有使用弓箭的历史。

弓的制造

造弓的原料

造弓要用竹片和牛角做正中的骨干。我国东北少数民族地区没有竹，就用柔韧的木料来代替。竹片的两头接桑木，桑木的末端开有缺口，套紧弓弦用。桑木与竹片以榫卯结构连接，竹片削光一面，贴上牛角来增加竹片的强度。

牛脊骨里有一根长方形的筋，宰杀牛以后取出这根来晒干，再用水浸泡，将它撕成细细的纤维状。北方少数民族没有蚕丝，弓弦都是用这种牛筋制成。中原地区则用它保护弓的主干，或者用作弹棉花的弓弦。胶是从鱼鳔、杂肠中熬取的。这几种天然的东西，缺少一种就造不成好弓。

弓的制作与保养

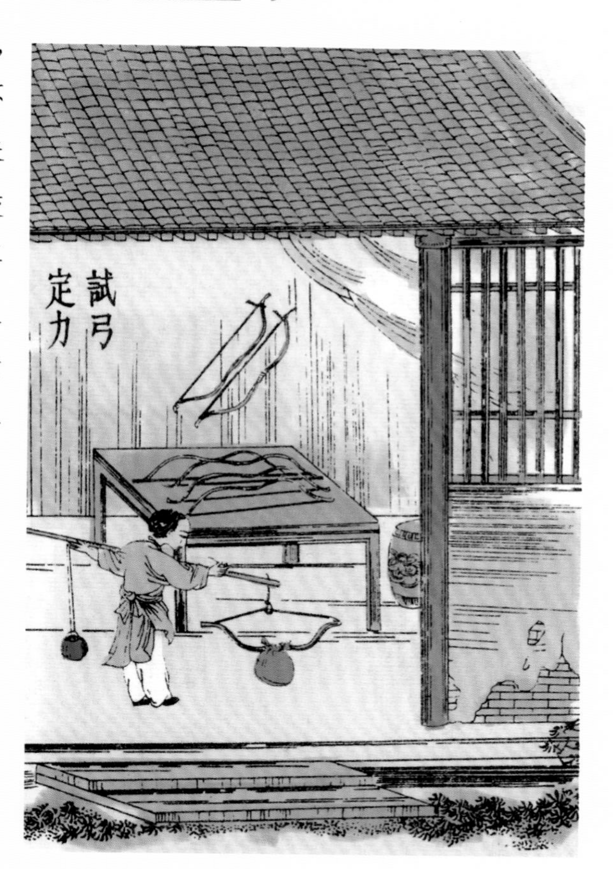

弓坯刚刚做成之后，要放在屋梁高处，地面不断地生火烘焙。短则十来天，长则两个月，等到胶液干透后拿下来磨光，再一次添加牛筋、涂胶和上漆，这样做出来的弓质量就很好了。有的卖弓人烘干时间不足就把弓卖出，这样的弓日后就容易脱胶。

造弓要按人的力量大小来分轻重。力气大的人能拉开120斤的弓，超过这个力量的叫虎力，但这样的人很少见。中等力气的人能挽八九十斤，力量小的人只能挽60斤左右。这些弓箭在拉满弦时都可以射中目标。但在战场上能射穿敌人的胸膛或铠甲的，当然是力气大的射手；力气小的人则是以巧取胜。

做好的弓在收藏时最怕潮湿。要时常放在火上烘烤，稍微照管不周到，弓就会朽坏报废。

箭的制造

箭杆的制作

箭杆的用料各地不尽相同，我国南方用竹，北方使用萑柳，北方少数民族则用桦木。

做竹箭时，削竹三四条，用胶黏合，再用刀削成圆截面箭杆，然后用漆丝缠紧两头，这叫作“三不齐”箭杆。柳木或桦木做的箭杆，只要选取圆直的枝条稍加削刮就可以了。木箭杆干燥后势必变弯，矫正的办法是用一块几寸长的木头，上面刻一道槽，将木杆嵌在槽里，从头至尾一点点刮过去，杆身就会变直，这道工序叫箭端。即使原来杆身头尾重量不均匀，也能得到矫正。

箭杆的末端刻有一个小凹口，叫“衔口”，以便扣在弦上，另一端安装箭头。箭头是用铁铸成的。箭头的形状也各不相同，北方少数民族做的像桃叶枪尖，广东南部做的像平头铁铲，中原地区做的则是三棱锥形。

箭羽

箭射出后飞行是否正常，关键都在箭羽上。在箭杆末端近衔口的地方，用乳胶粘上三根翎羽，呈三足鼎立形状，名叫箭羽。所用羽毛，雕的翅毛最好，角鹰的翎羽居次，鹞鹰的翎羽更次。雕翎箭比鹰

翎、鹞翎箭飞得快，飞出10余步后箭身便端正了，能抗风吹。东北地区的箭羽多用雕翎。

南方造箭，得不到雕翎，连鹰和鹞的翎羽都很难找到，急用时以雁翎充数，也有用鹅翎的。但是雁翎、鹅翎箭在射出时会手不应心，遇风便容易斜飞。这也是南方箭不如北方箭的原因。

蒙古族传统角弓的制作

蒙古族传统角弓的长度从古至今基本没有变化，都是1.5米，而弓的拉力分很多种，儿童弓20磅（约9公斤），成年女子用35磅（约15公斤），一般成年男子用45磅（约20公斤），古时武状元考试的弓150磅（约68公斤）。一把弓制作周期为一年多的时间，如保养得当，使用寿命在十年以上，射程最远达653米。

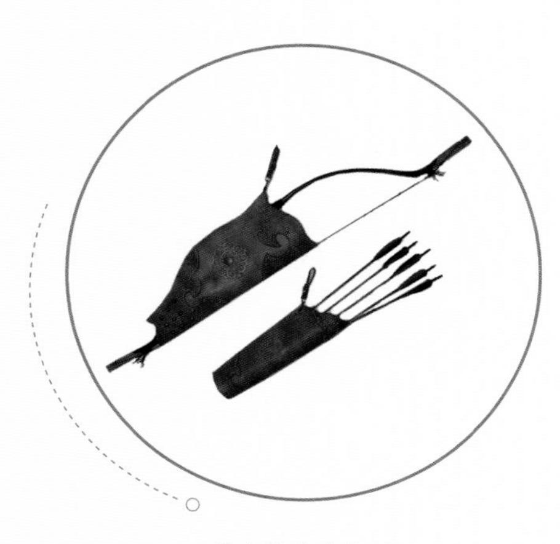

蒙古族传统角弓

修弓

制作蒙古族传统角弓，从原料加工到做出成品，一百多道工序全由手工完成。其制作技艺大致可分五个步骤：用竹木制作弓胎，制筋（弓外粘牛筋），粘角（弓里粘水牛角材质），修弓和上弦（包括确定拉力），弓外粘贴防潮的蛇皮或桦树皮。

驱弩军装盛

什么是弩？

弩，是中国古代使用的一种常规武器，它是由弓箭发展而来的。由于弓箭使用时，要用一只手托弓，另一只手拉弦，而且箭的命中率也不算高，后来人们就在弓的基础上发明了弩。弩是守营兵器，不适用于行军作战。

弩主要由弩弓和弩臂两部分组成，弓上装弦，臂上装弩机，两者配合施放箭支。弩臂为木制，前部有一个横贯的容弓孔，弓固定在其中。弩臂正面有一道直槽，是箭的发射区，保证箭在发射后直线前进。使用时，先将弦拉开扣在弩机上，待捕捉到最有利的发射时机，扳“悬刀”（扳机）把箭射出去。

强弓可以射出200多步远，而强弩只能射50步远。在有效射程内，弩比弓要快十倍，因而穿透物体的深度也要比弓箭深很多。如果超出射程，弩的力量就很弱，连薄绢也射不穿，这就是成语“强弩之末”的由来。

可以说，弩是一种装有控制装置，可延时发射的弓。弩的机能与现代的枪炮击发装置相同，它的发明是抛射兵器的一大进步。

弩的进化史

据史料记载，弩可能起源于原始社会晚期。到了战国时期，弩已成为列国大量使用的重要远射兵器。战国时期的弩采用青铜制作，其构造已很先进，配合强度较大的复合弓，大大提高了弩的射程和杀伤力。

秦代时，弩成为军队装备的重要武器。根据秦始皇兵马俑坑内出土的弩机分析，其形制和战国弩基本相同，但在技术上有了一定改进，增强了机件的灵

敏度和瞄准的准确性。

蜀汉时期，蜀军统帅诸葛亮为了战争的需要，在原来连弩的基础上加以改进，制成了一种新式连弩，称为“元戎”弩，后人称作“诸葛神弩”。这种连弩的箭放在一个弩槽里，一次放入10支，由一个孔向外射箭，扣动扳机发射，可连续发射，从而提高了弩的发射速度。这种弩的优点是轻巧灵便，发射速度快，但有效射程短，杀伤力小。因此，后来没有得到进一步发展。自明代以后，随着火器的大量应用，弩不再是战争中的主要武器。

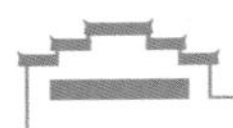

火药，顾名思义就是“着火的药”。之所以被称为“药”，是由于其成分中的硝石、硫黄是我国古代常用的医疗药物。而火药的发明来自古人长期的炼丹制药的实践。

火药的发明

火药是中国古代的四大发明之一。我们的祖先于古代发明的火药现在称为黑火药或黑色火药，它的发明，至今已有1000多年的历史。

火药的发明与中国古代炼丹有着密切的关系。唐代初年，著名的药物学家孙思邈在《丹经》中记载了“伏硫黄法”，这是目前发现的最早的有关火药配方的记载。由于硫黄的化学性质比较活泼，毒性较大，不易控制，所以人们想到将硫黄、硝石和木炭放在一起，用硝石和木炭使硫黄部分燃烧，降低硫黄的毒性，再用以制药，这种方法被孙思邈称为“伏硫黄法”。

这种“伏硫黄法”十分危险，如果不小心让炭火掉入罐中，就会引起爆炸。由此，人们已经了解到这类混合物燃烧的性能。经过一次次的爆炸起火，炼丹家从最初的惊慌，到后来逐渐认识到：硫黄、硝石和木炭，如按一定比例可配制成能爆炸的“火药”。

火药的应用

火药发明以后，一方面用于日常生活和生产活动中，如将火药制成焰火，以庆祝节日；人们还利用火药开山削土，采矿，筑路，在生产劳动中发挥作用。

另一方面，火药被用来制造武器用于战争。大约在唐代末期，火药开始用于军事活动。火药爆炸时威力惊人。宋应星在书中形容道：发生爆炸时，无论是人还是动物都会吓得魂飞魄散，甚至被炸得粉身碎骨。

中国古代发明的火药，随着中外交流而逐渐传遍世界。根据史书记载，13世纪时，元朝发兵西征中亚、波斯等地时使用了火药类武器，使阿拉伯人逐渐了解并掌握了火药的制造技术和使用方法，并由阿拉伯人传到欧洲各地。

火 器

火药发明后，各种火器应运而生。“飞火”是最早使用火药制造的武器。根据文献记载推测，“飞火”应该是用弩机发射的火药箭。从北宋至明代中叶，火箭、火球、火枪、铜火铳、铁管火炮等多种火器相继问世，火器在战争中的作用和地位日益上升。

火箭类火器

早期的火药箭

北宋初已发明火药箭。这类火药箭，尚属于初级火器，并非利用火药燃烧喷气推进的火箭，而是将火药包绑在箭首，点燃火药包外壳后，用弓弩发射，火药引燃后，可纵火攻敌。

这些用弓弩发射的火药箭，与以往使用艾草、松脂等燃烧物的火

箭不同，但尚未使用火捻子，施放时需先点燃火药包的外壳，射中目标后，待引燃火药包内的火药，引起猛烈燃烧。

南宋时期发明了反推力火箭，即将火药筒绑在箭杆上，利用火药燃烧产生的反作用力，推动火箭前进。这种火器，实际上是一种军用火箭弹。

明代的火箭类火器

火龙出水 明代发明的多级火箭，用于对敌船实施火攻。用竹管做龙身，用木料做龙头龙尾，首尾两侧各装一支火箭，龙腹内装数支火箭。发射时，先点燃首尾火箭，推动火龙前进；首尾火箭将要燃尽时，引燃龙腹内的火箭，继续射向目标。《火龙经》记载："水战可离水三四尺燃火，即飞水面二三里去远，如火龙出于水面。"

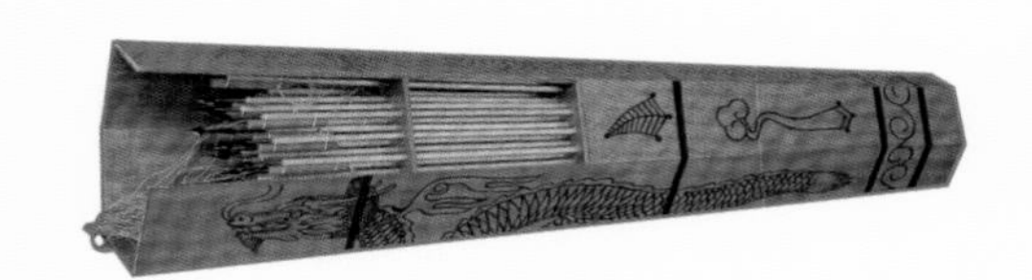

明代"一窝蜂"复原效果图

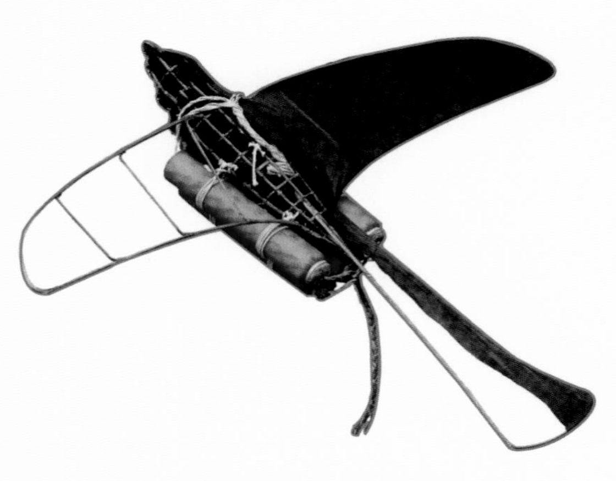

明代"神火飞鸦"复原效果图

一窝蜂 明初发明的一种多发齐射火箭，用于杀伤人马。

神火飞鸦 明代发明的一种多火药筒并联推进火箭，用于纵火攻敌。用细竹篾、细芦管和棉纸做成乌鸦状，腹内装满火药，身下斜钉4支绑缚火药筒。发射时，同时点燃4支火箭，可飞百余丈远。落入敌营后，鸦腹内火药燃烧，攻击敌人。

爆炸类火器

爆炸类火器起源于燃烧类火球。北宋初期已发明装有火药的燃烧性火器——火球（又名火炮），用于焚烧敌军营帐。

火球 一般以火药为球心，外层用纸、布、沥青、松脂、黄蜡等包裹，用烧红的烙铁将外壳烙透后，用抛石机抛射，或用人力投掷，火球内部的火药开始燃烧，产生火焰或毒烟。据《武经总要》记载，这类火器有引火球、蒺藜火球、霹雳火球、毒药烟球、铁嘴火鹞、竹火鹞等。

铁火炮 南宋时期发明的铁壳炸弹，又称“震天雷”。用生铁铸成外壳，内装火药，并留有小孔安装引火线。点燃后，火药燃烧产生的高压气体使铁壳爆碎，可杀伤人马。南宋时期，开始大批生产铁火炮。南宋、金、元军在城垒争夺战中常使用铁火炮作战。

混江龙 一种水雷，用皮囊包裹火药，再用漆密封，然后沉入水底，岸上用一条引索控制。皮囊里挂有火石和火镰，一旦牵动引索，皮囊里自然就会点火引爆。敌船如果碰到它就会被炸毁。

管形射击火器

管形射击火器，是中国古代用竹、纸、铜或铁做枪筒发射火药的武器。最初将火药筒绑在长枪的头部，临阵时，先喷射火药，杀伤敌军，然后持枪格斗。后来逐渐以竹和铜、铁做枪筒或炮筒，利用火药发射弹丸，以杀伤敌军。

突火枪 南宋时期发明了世界上最早的管形射击火器——突火枪。当时的突火枪已经具备了管形射击火器的三个基本要素——身管、火药和弹丸，堪称世界枪炮的始祖。

铜火铳 是元代创制的金属管形射击火器。铜火铳由前膛、药室和尾銎（qióng）构成，药室装火药，上方有火门，前膛装霰（xiàn）弹。发射时，用火绳从火门点燃火药，射出霰弹。

鸟铳 约有1米长，装火药的铁枪管嵌在木托上，以便于手握。锤制鸟铳时，先用一根像筷子一样粗的铁条当锻模，然后将烧红的铁块包在它上面打成铁管。枪管分三段，把接口烧红，尽力锤打接合。接合之后，用像筷子一样粗的四棱钢锥插进枪管里来回转动，将枪管内壁打磨圆滑，发射时才不会有阻滞。枪管近人身的一端较粗，用来装火药。

枪管靠近人身一端开有小孔，露出一点硝，用苎麻点火。左手握铳对准目标，右手扣动扳机将苎麻火顶撞到硝药上，子弹一下子就发射出去了。鸟雀在30步之内中弹，会被打得稀烂；50步以外中弹才能保存原形；100步以外，火力就不及了。

鸟枪的射程超过200步，制法跟鸟铳相似，但枪管的长度和装火药的量都增加了一倍。

管形射击火器和火箭的外传

在阿拉伯帝国的马木留克王朝（1250—1517，都城开罗）时期，中国火器的制造和使用技术开始传入。当时传入马木留克的中国火器有两种：一种叫“契丹火枪”，另一种叫“契丹火箭”。

13世纪下半叶至14世纪初，阿拉伯人依照中国传入的火器仿制成木制管形火器——马达发[①]。

1325年，阿拉伯人使用“马达发”进攻西班牙，将“马达发”带到了西班牙。然后，西班牙人将“马达发”传到了西欧。欧洲人参照“马达发”仿制成欧洲最早的金属管形射击火器——火门枪。火门枪的出土实物在基本构造和发射方式上，与中国元朝和明初的铜火铳基本类似。

14世纪，火药和火器开始用于欧洲战争。到17世纪末，火器完全取代了曾经杀伤力很大的冷兵器——长矛、十字弓和长弓，冷兵器时代在欧洲彻底终结。

① 阿拉伯语，火器。

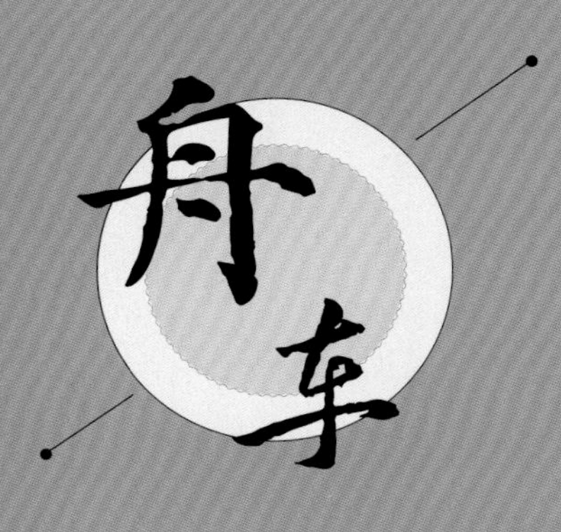

宋子曰：人群分而物异产，来往贸迁以成宇宙。若各居而老死，何藉有群类哉？人有贵而必出，行畏周行。物有贱而必须，坐穷负贩。四海之内，南资舟而北资车。

【注释】宋子说，人群分居各地，物品产于八方，通过相互来往和贸易而构成了社会。如果各居一方，老死不相往来，凭什么来构成人类社会呢？有地位的人总要外出，但是害怕到处步行。有些物品虽然便宜，却是生活必需品，由于缺乏而有赖于贩运。所有这一切，都要借助于交通工具，在国内，南方主要靠船，北方主要靠车。

第八部分

舟车白浪与红尘

宋应星在《天工开物·舟车》一章中说，人群分居各地，物品产于八方，通过相互来往和贸易，构成了社会整体，而这些要通过交通才能实现。在我国，南方的交通更多是用船，北方更多是用车。舟车是重要的交通工具，人们凭借车和船，翻山渡海，沟通交流国内外文化，进行物资贸易，从而使得国家繁荣起来。

泛舟越洪涛

早期的浮具

浮具，是人类最早使用的水上工具。在可作为浮具的物体中，像树干、竹竿、芦苇等物，有的本身浮力小，需要捆成束来使用。葫芦的浮力大、防水性强，就可以将三四个葫芦连接起来，绑缚腰间，入水后人半沉半浮，用手脚划水前进。因此这种浮具又称腰舟。现在人们学习游泳，腰间绑着泡沫板，和早期的腰舟很像。自从独木舟、木板船兴起之后，浮具虽然也为人所用，却已退居次要。

春秋战国时期，舟船开始被广泛应用，较大的诸侯国都有自己的造船业，其中尤以地处长江中、下游的楚、吴、越三国及雄踞山东半岛的齐国最为发达。吴、越两国的造船基地都有相当规模的造船能力。

独木成舟

独木舟是一种很古老的水上交通工具，初时的独木舟结构极为简单，一般是捞取一段槽状朽木并将其内部稍加整理，或者将一段树干砍挖成槽，然后削

去外面的旁枝和树杈。当时制造独木舟的主要工具是石刀、石斧等，以如此简陋的工具制造独木舟，特别是在整段树干上挖槽，当然是困难重重，所以制造独木舟时必须使用火。

目前，在我国一些地区还在使用独木舟，江南地区如苗族、瑶族、侗族、壮族聚居地区，西南地区如藏族、纳西族、傣族、普米族、羌族、怒族聚居地区还保留有独木舟。

沿用至今的古老水上运输工具

皮筏古称革船，为撒拉族、回族、东乡族、保安族、土族等少数民族的传统水上运输工具，流行于青海、甘肃、宁夏的黄河沿岸，按制作原料可分为羊皮筏和牛皮筏。羊皮筏多用山羊皮制成。制作时需要很高的宰剥技巧，从羊颈部开口，将整张皮剥下来，不能划破。脱毛后，吹气使皮胎膨胀，灌入少量清油、食盐和水，然后把头尾和四肢扎紧。经过晾晒的皮胎黄褐透明。用麻绳将水曲柳木条捆成方形木框，横向绑上数根木条，把一个个皮胎依次扎在木条下，皮筏子就制成了。牛皮筏的制作与羊皮筏大体相同。使用时皮囊在下，木排在上。可乘人，可载货。

皮筏子制作简单，结实耐用，自重轻，吃水浅，不怕搁浅触礁，操作灵活方便。大筏可载二十余人，小筏能载七八人。渡河时，乘客蹲坐于筏中间，水手三四人分站首尾，合力挥桨划水，呼号鼓劲，顺流抵达对岸。

兰州黄河边的羊皮筏

古代贵族最爱的画舫

舫，就是两船并列，中国早在西周时就有舫，汉代也常使用。舫的速度较慢，但航行时相对平稳，古代皇室、贵族们往往加以装饰，乘坐游玩，称为画舫。双体画舫的图像数据很缺乏，目前所见最早的是东晋顾恺之所绘《洛神赋图》。图中画舫有两条并列的船身，船上重楼高阁，装饰华美。可见，东晋时双体船的制造技术已经十分成熟。

两船并联之后，甲板面积扩大了一倍以上，加之有两组船底舱，大大增加了承载能力；由于船体加宽，提高了稳定性，航行时更加安全。古人一般利用双体船载客、运货，它是交通运输工具，而不是战船。

漕运的重要工具——漕舫

漕舫的构造

古代的国都是军队与百姓聚居的地区，全国各地都要利用水运来为它供应物资，这就是漕运。元朝定都北京，当时由南方到北方的航道，一条是从苏州的刘家港出发，一条是从海门县的黄连沙出发，都沿海路直达天津，用的是遮洋船，一直到明朝的永乐年间都是这样。后来因为海洋中风浪太大，危险过多，就改为内河航运了，也就是漕运。

当时苏州府的布政使陈某，首先提倡制造平底的浅船，也就是后来的运粮船。这种船的构造形象地说，船底相当于房屋的地面，船身的作用相当于它的墙壁，上面是用阴阳竹盖的屋顶。船的首尾各有一

根横穿两边船枋的大横木，称为“伏狮”，船头的伏狮相当于房屋的前门，船尾的伏狮为寝室。

船上桅杆就像一张弩的弩身，船帆和附带的帆索就像弩的翼；船桨的作用相当于拉车的马；拉船用的纤绳相当于走路穿的鞋子；那些系住铁锚的粗缆以及绑紧全船的绳索，则像鹰和雕那些猛禽的筋骨；船头大桨的作用是开路先锋，船尾的舵则是指挥航行的主帅；如果要安营扎寨，就一定要使用锚了。

风正一帆悬

风帆大多是用破开的竹片编织的，用绳子编竹片，逐块折叠，以备悬挂。风帆顶上的一叶所受的风力相当于底下的三叶受力之和。将风帆调节顺当，顺风时将帆扬到最大限度，船借着风力会行驶得快如奔马。但是如果风力不断增大，就要逐渐减少张开的帆叶。风力很猛烈时，只张一两叶帆也就足够了。

借横向吹来的风行船，叫抢风。如果顺水行船，就将帆升起，按“之”字形航线行船。如在平静不动的湖水中行船，亦可借水力、风力缓缓相抵而行。如果是逆水行舟，又遇横风，就寸步难行了。

见风使舵

船跟着水流走就如同草随着风儿摆动一样，所以要用舵来挡水，使水不按原来的方向流动，从而保证船航行的方向。船舵用一根直木作为舵身，舵上部的操纵杆叫关门棒，下部装上斧形的舵板，就可以拦截水流了。如果想要船头向北，就要将其向南转，反之亦然。

舵板一转就能引起一股水流。由舵板所挡住的水，只流到船头为止，此时船底下的水，好像一股急顺流，所以船头就能自然而然地转到操纵的方向，这真是非常奇妙。舵的下端要与船底齐平。如果舵长了，当船遇到浅水时，船身过去了，船尾的舵却容易被卡住；如果遇到大风，造成的阻力就更大了。如果舵比船底短，则转动力小，船就不能及时调整方向了。

铁锚沉水以系舟

铁锚的作用是沉入水底而将船稳定住。一只运粮船上共有五六个锚，其中最大的锚叫作看家锚，重500斤左右。其余的锚在船头上的有两个，在船尾部的也有两个。船在航行时如果遇到逆风，既不能前进又不能靠岸时，就要把锚沉入水底。情况十分危急时，便要抛下看

家锚，系住看家锚的绳索叫“本身”，就是命根的意思，可见其重要性。同一航向航行的船只，如果前面的船受阻了，自己的船会顺势急冲向前而有互相撞伤的危险时，就要赶快抛船尾的梢锚拖住船只，将速度减下来。

船上用的绳索

船上所用的帆索是用大麻（也叫火麻子）纤维纠绞而成的，直径4厘米左右的粗绳索，即便系住万斤以上的东西也不会断。系锚的那种锚缆，则是用竹片削成的青篾条做的，这些蔑条要先放在锅里煮后再进行纠绞。拉船的纤缆也是用煮过的篾条绞编成的。

竹的特性是纵向拉力强，一条竹篾可以承受极大的拉力。经三峡而进入四川的上水船，往往不用纠绞的纤缆，而只是直接把竹子破成1寸多宽的整条竹片，互相连接起来，叫作火杖。这是因为沿岸的崖石锋利得像刀刃一样，竹篾条制成的纤缆容易损坏。

船只的用料

船只所用的木料也很有讲究，桅杆要选用匀称笔直的杉木。船上的梁和构成船身的长木材都要选用楠木、槠木、樟木、榆木或者槐木来做，樟木不能用春夏两季砍伐的，否则时间长了会被虫蛀。舵杆要使用榆木、榔木或槠木，关门棒则要用椆木或榔木。船桨要用杉木、桧木或楸木。船底和甲板用什么木料都可以。

填充船板间的缝隙，要将捣碎了的白麻絮结成麻筋，用钝凿把麻筋塞进缝隙里，然后再用筛得很细的石灰和桐油搅拌成团，填充船缝。浙江温州、台湾、福建及两广等地都用贝壳灰来代替石灰。

到了清末，漕运停止了，漕舫也就此完成了它的历史使命，退出了历史舞台。

海舟

元朝和明朝初年运粮的海船叫遮洋浅船，小一点儿的叫钻风船，即海鳅。遮洋浅船与漕舫比较，体形上要大不少，但船上的各种设备都是一样的，只是舵杆必须用铁力木，填充船缝要用鱼油和桐油。外国的海船跟遮洋浅船的规格大同小异。

海船的船头、船尾都安装罗盘来辨别航向，无论到什么位置，需要按什么方向航行，罗盘针都会指示得很清楚。海船出海时，要用竹筒储备几百斤的淡水，可足够供应船上的人两天饮用，一旦遇到岛屿，就再补充淡水。

明代郑和下西洋所用的宝船：大船长44丈4尺（约150米），阔18丈（约60米）；中船长37丈（约123米），阔15丈（约50米）。可见宝船的体形是很大的。宝船上的桅、帆数量很多。正是有了这种体形巨大、动力优良、坚固安全的船舶，加上高超的航海技术，郑和才能完成空前的远洋航行壮举

各式各样的船

课船

长江、汉江上行驶的，官府用来运载税银的船叫课船。船身十分狭长，前后共有10多个舱，每个舱只有一个铺位那么大。整只船总共有

6把桨和一面小桅帆，在风浪当中靠这几把桨推动划行。如果不遇上逆风，一昼夜顺水可行200公里，逆水也能行驶50多公里。

三吴浪船

从浙江西部至江苏苏州之间纵横350公里，布满深沟和迂回曲折的小河，这一带的浪船（最小的叫作塘船）数以十万计。旅客无论贫富都搭乘这种船往来，以代替车马或者步行。这种船即使很小也要装配上窗户、厅房，木料多是杉木。人和货物在船里要保持两边平衡，否则浪船就会倾斜，因此这种船俗称“天平船”。浪船的推动力全靠船尾那根粗大的橹，由两三个人合力摇橹而使船前进，或者是靠人上岸拉纤使船前进。

浙西西安船[①]

浙江西部从常山至杭州的钱塘，钱塘江流经400多公里入海，不通别的航道，所以这种船从常山、开化等地的小河航起，至钱塘江止，无须更改航道。这种船用箬（ruò）竹叶编成拱形的篷当顶盖，用棉布为帆，约7米高，帆索也是棉质的。当初采用布帆，据说是因为钱塘江有海潮涌来，情形危急时布帆更容易收起来。

福建清流船、梢篷船

清流船用于运载货物和客商，梢篷船则仅可供人坐卧，都是达官贵人用的，这两种船都是用杉木做船底。途中经过的险滩礁石不少，时常会碰损而引起船底漏水，遇到这种情况就要设法靠岸，抢卸货物并且堵塞漏洞。这种船不在船的尾部安装船舵，而是在船首安装一把叫作“招”的大桨来使船调整方向。

四川八橹等船

从湖北宜昌进入三峡的上水航行，要靠拉纤，拉纤的人用的是火杖。船上像端午节龙舟赛那般击鼓，拉纤的人在岸边山石上听到鼓声就一齐用力。中夏到中秋期间，江水涨满封峡，船就停航几个月，等到以后水位降低，船只才继续开始往来。这种船的腹部圆而两头尖狭，便于在险滩附近劈波斩浪。

黄河满篷梢

满篷梢用楠木建造，工本费比较高。顺水行驶时，就在船头与船身交接处架一根横梁，两边各挂一把巨大的橹，人在船两边摇橹使船前进。至于其铁锚、绳索和帆等的规格，和长江、汉水中的船大致相同。

---

① 原文为“东浙西安船”，因该航道的常山、开化等地均在浙江西部，故应改为“浙西西安船”。——作者注

广东黑楼船、盐船

黑楼船是达官贵人坐的，盐船则用来运载货物。船的两侧有通道可以行人。风帆是用草席做成的，但使用的不是单桅杆而是双桅杆，因此不像中原地区的船帆那样可以随意转动。逆水航行时就要靠纤缆拖动，在这一点上和其他各地的都相同。

黄河秦船

俗称摆子船，这种船大多是在陕西韩城县制造的。它的船头和船尾都一样宽，船舱和梁都比较低平而并不怎么凸起。当船顺着急流而下的时候，摇动两旁的巨橹而使船前进，船的来往都不利用风力。逆流返航时，往往需要20多人在岸上拉纤，因此甚至有人连船也不要而空手返回。

古代先进的造船技术

水密隔舱

水密隔舱的发明

水密隔舱是中国造船技术上的一大发明，起始于晋代，唐、宋以后在海船中被普遍采用，并用于部分内河船只。中国最早带有水密隔舱的船叫“八槽舰”，是晋代跟随孙恩海上起兵的卢循所建造的，其

1974年泉州后渚港出土的宋代古船

特点是利用水密隔舱将船体分隔成8个船舱，即使某个船舱破洞进水，船舶仍可保证不致沉没。时间为公元410年，即5世纪初。

西方学者认为，中国人发明水密隔舱是借鉴了竹节隔膜的结构，是顺理成章的事情。由于欧洲没有竹子，因此欧洲人没有这方面的灵感。

水密隔舱的优越性

水密隔舱的设置具有多方面的优越性，主要体现在以下几个方面：首先，由于舱跟舱之间是严密分隔开的，在航行中，特别是在远洋航行中，即使有一两个船舱破损进水，水也不会流到其他船舱，船不会沉没，增强了安全性。其次，船上分舱，货物的装卸和管理都比较方便。同时，由于隔舱板与船壳板紧密钉合，增加了船舶整体的横向强度，取代了加设肋骨的工艺，起到了加固船体的作用。

水密隔舱技术是中国造船史上的一项重大发明。现在木船的建造日渐减少，水密隔舱造船技术已成为宝贵的文化遗产，于2010年被列入联合国教科文组织《急需保护的非物质文化遗产名录》。

桨

桨，是最原始的船舶推进工具之一，产生于舟之后，早在新石器时期就曾出现，浙江余姚出土的河姆渡古木桨是早在7000年前所使用的。有人认为最早的桨是人的双手。最初，人们是抱着一棵树干或乘坐独木舟，用两只手划水使漂流的速度快一些，桨正是手的延伸。

船尾舵

人们在长期的实践中，增加桨叶的面积以便于控制船的方向，逐渐产生了舵。舵的大小与船体相比是微不足道的，但它能使庞大的船体运转自如，奥妙何在？行进中的船，如果要向左转，那就将舵向右偏转一个角度，水流就在舵面上产生了一股压力——舵压。这个舵压本身很小，但它距船的转动中心较远，所以形成的使船转动的力矩却不小，船首便相应地转向左边。这样，就能通过舵来控制船的行进方向。

因舵放置在船的尾部，也称船尾舵。船尾舵的出现，在船舶发展史上是一件具有重大意义的事。舵、风帆和指南针一起，是保证船舶安全航行的三大条件。

橹

橹最早出现的年代尚无确切的考证。传说，鲁班看见鱼儿在水中摆尾前进遂削木为橹。当舵桨的操作方式一旦改为鱼尾式摆动后，它就发生了质的飞跃：桨变为最初的橹了。橹的发明是中国对世界造船技术的重大贡献之一。橹不仅是一种连续性推进工具，而且有操纵船舶转向的功能。

现代广为应用的螺旋桨推进器，其不停旋转的叶片，实际上也与在水中划动的橹板相似。桨叶的叶片也具有阻力小而升力大的特点和优势。螺旋桨的发明和改进，虽不能说源于橹，但二者的原理却是一致的。这当然是非常有趣的问题。难怪外国人对中国这种结构简单而效率高的装置惊叹不已。

帆

帆，是推动船舶前进的推进工具。风帆的出现是船舶发展史上重要的里程碑，利用自然界的风作为动力，使船舶的航速、航区大为扩展，为船舶技术的进一步发展奠定基础。风帆在船上的应用，为船舶的大型化和远洋航行开辟了广阔的前景。

帆的出现，外国可能比中国早得多。埃及方帆船出现的年代可推溯到公元前3100年。中国船舶风帆出现的年代，迄今虽尚无定论，但多数学者认为在殷商时代就出现了风帆。其依据是甲骨文中的“凡”字即“帆”，到商代，人们已在船上装置了帆，利用风力来行船。我们知道商代就能织出世界最早的提花织物，那么就不会缺乏用来做帆的织物。

中国风帆的出现和使用，虽然较国外晚，但因有船尾舵与之相配合，最晚从汉代起，就有相当成熟的驶帆技术，从而使中国的帆船能够跨越海洋，处于世界领先地位。

车的发明与应用

从驰骋沙场到街头巷尾

车是人类交通史上一个划时代的发明，它不仅为人们运输、出行提供了方便，更扩大了地区间的商贸、文化交往。在中国，车的发明可以追溯到夏禹时期。相传，奚仲乃黄帝曾孙帝喾（kù）的后裔，奚仲的父亲是番禺，番禺发明了船，被后人尊为船神。奚仲发明了马车，被后人奉为车神。

车利于平地运行，战国时代，诸侯各国交战时必用车，因此有“千乘之国”“万乘之国”的说法。秦代以后，战车的使用便日益减少了，南方水战用船，陆战用步兵、骑兵，而北方作战多用铁骑。战车逐渐退出了历史舞台，而车也主要应用于载物、乘坐了。

甘肃省马家塬遗址内的义渠戎人礼仪车复原品，被称为“中国古代第一辆豪车”。说明当地义渠戎人不仅在草原上能征善战，还掌握了先进的手工业制造技术

飞蓬的启示

轮是车的关键部分。早期，中国先民已经会利用圆木负载重物滚动，节省人力，后来演变为早期的车轮。传说，车轮的构想是受到蓬草的启发。蓬是一种多年生草本植物，其花中心为黄色，周围呈伞状分布，果实有毛，植株粗壮，但根部却不发达，秋冬干枯之时，遇强风易被连根拔起，在地上滚动，故称为"飞蓬"或"转蓬"。

至于这位受到飞蓬启发的圣人是何许人，有人说是黄帝，有人说是奚仲。一般人们认为，黄帝发明了车的雏形，而奚仲对车进行了改造，并以马作为牵引动力，创造了中国第一辆双轮马车。

车轮又叫辕，是由轴承（毂，gǔ）、辐条、内缘（辐）与轮圈（辋，wǎng）四个部分组成的。车轮中心装轴的圆木叫毂（俗称车脑），周长约50厘米，是中穿车轴、外接辐条的部件。辐条共有30根，它的内端连接毂，外端连接轮的内缘——辐，紧顶住辋，也是圆形的。辋外边就是整个轮的最外周，叫轮辕。

常见的四轮大车

骡马车有四个轮子的，也有双轮的，车上承载的支架都是从轴那里连接上去的。四轮的骡车，前两轮和后两轮各有一根横轴，在轴上竖立的短柱上面架设纵梁，纵梁上承载车厢。停车后，从车上卸下车厢时，车身端平，就会像房屋那样安稳。大车收车时，一般都把几个部件拆散收藏。要用车时先装两轴，然后依次装车架、车厢。轼（车厢前供人倚靠的横木）、衡（车辕头上的横木）、轸（zhěn，车厢底部四面的横木）、轭（è，套在拉车牲畜脖子上的曲木）等部件都是从轴上安装起来的。

造车的木料，要选用长的做车轴，短的做毂，以槐木、枣木、檀木和榆木（用榔榆）为上等材料。但是黄檀木摩擦久了会发热，因而不太适宜做这些东西，有些细心的人就选用两手才能合抱的枣木或者槐木来做，那当然是再好不过了。轸、衡、车厢及轭等其他部件，则是用什么木都可以。此外，山西盛行用牛车运载粮草，到了路窄的地方，就在牛颈上系个大铃铛，名曰“报君知”，正如一般骡马车的牲口也都系铃铛一样。

独轮车

独轮车由一个轮子、车架和支架组成。它可在狭窄、崎岖的道路上推行，且可由一人独自操作；同时，制造独轮车成本较低，经济适用。因此，这种车的使用非常普遍，特别是在北方农村，几乎家家都有一辆，又称小车、手推车、单轱辘车。

北方有一种独轮车，驴子在前面拉，人在后面推，不耐长期骑马的人常常租用这种车。车的座位上有拱形席篷，可以挡风和遮阳，旅客一定要两边对坐，不然车子就会倾倒。这种车子，北上至陕西的西安和山东的济宁，还可以直达北京。

车辆的不断改进

田单改车轴的故事

春秋战国时期，燕国为了报仇，任命乐毅为亚卿，联合五国兵马，共同进攻齐国。乐毅大军锐不可当，很快击垮了当时最为强大的齐国军队，攻下了齐国都城。齐国岌岌可危。

齐国王亲田单带领族人跟随齐王出逃。行进中他发现，原来的车辆为了显示富贵华丽，装饰精美的车轴很长，会车时相互妨碍，经常要停下来避让。暂时摆脱吴国追兵后，田单居安思危，认为应该对车轴进行改造——锯短，并将车轴外露部分用铜皮包裹。当时不少人认为田单这是多此一举，因此只有田单家族改短并加固了车轴。

不久，追兵迫近，大家继续逃亡。道路上经常看到因车轴相互干扰无法前行的情景，人们争吵打闹成一团，最终落入敌手。只有田单家族驾着改进后的车辆，灵巧地穿行，迅速逃离了险境。后来，田单帮助齐国用火牛阵打败了五国军队，收复了山河。

南方獨推車圖

勒勒车

勒勒车，古称辘轳车、罗罗车、牛牛车等，是北方草原常用的交通运输工具。轴、轮多用桦木、榆木等硬质木材制成，结构简单，易于制造和修理，适宜在草原、雪地、沼泽、沙滩上运行。“行则车为室，止则毡为庐”，不管是在古代还是在近代，各具特色的勒勒车都是牧民衣食住行、婚丧嫁娶不可或缺的生活用具。

其车身为框架结构，由辕、衬木、垫木、梯、立柱、公鸡腿、厢面、圆压根、跨耳、夹马等组成。

车轮与车身相配即构成一辆完整的勒勒车。车上部件可漆饰明亮的颜色，既美观大方，也能起到防腐作用。

不同类型的勒勒车的区别主要在车身部分。轿车是接送老人、孩子或宾客的高级代步工具，配有羊毛细毡搭用牛毛线缝制的弧形篷。箱车用来存放衣物、食品，以木板制成车厢，类似库房。货车用于拉蒙古包、草料、燃料和其他畜产品。

勒勒车

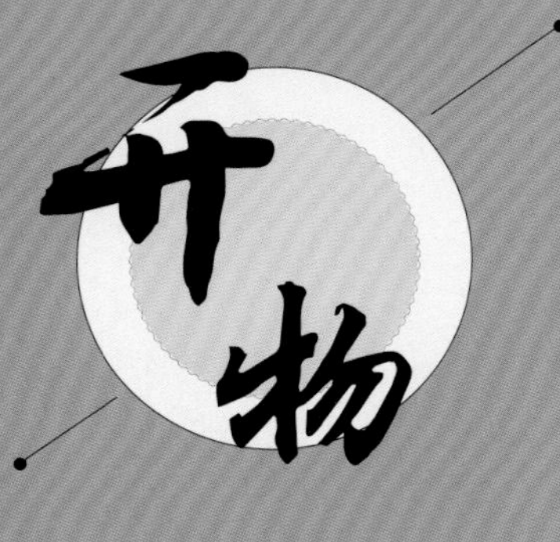

年来著书一种，名曰天工开物。伤哉贫也！欲购奇考证，而乏洛下之资；欲招致同人商略赝真，而缺陈思之馆。随其孤陋见闻，藏诸方寸而写之，岂有当哉？

【注释】这些年来我写了一本书，名叫天工开物。遗憾的是我实在太贫寒了！想要购买珍奇的书物来加以考证，却没有足够的钱财；想邀请同道中人共同探讨，鉴别真伪，又缺乏合适的场所。只好凭自己的孤陋见闻，写成了这本书，难免有不当之处。

第九部分

余音袅袅——天工开物的影响

《天工开物》的独到之处

《天工开物》并不是简单地将前人的文献整理罗列，而是通过作者自己的实地考察予以印证，细致地记述了各生产领域的工艺流程和技术要领。与前人的文献记载相比较，宋应星的记载对于现场测量的记载更为丰富翔实，不仅有一般的流程描述，更有相应的图片说明，还有测量的数据、器械的关键构件的细节，等等。通过宋应星所提供的记录，可以很清晰地复原当时生产工艺的技术原貌。

传统工艺的全面认知

《天工开物》不仅严谨和科学地记录了中国古代多领域的技术成果，同时也对工艺技术的环境因素，如社会经济状况、物候等进行了描述，使读者得以对技术工艺获得全面的认知。因此，《天工开物》被誉为“中国17世纪的工艺百科全书”。

天人合一的和谐思想

宋应星在书中贯彻始终的天人合一的和谐思想，既赞扬了自然界为人类提供的丰富物质资料，同时又歌颂了人工开发万物的技巧和智慧。

《天工开物》的世界影响

日本兴起“开物之学”

《天工开物》一书在崇祯十年（1637年）初版发行后，很快就引起了学术界和刻书界的注意。明末方以智《物理小识》较早地引用了《天工开物》的有关论述。明代末年，就有人刻了第二版，准备刊行。

大约17世纪末，它就传到了日本。公元1771年，日本书商柏原屋佐兵卫（即菅生堂主人）发行了刻本《天工开物》，这是《天工开物》在日本的第一个翻刻本，也是第一个外国刻本。从此，《天工开物》成为日本江户时代（1603—1867）各界广为重视的读物，刺激了18世纪时的日本哲学界和经济界，兴起了“开物之学”。

轰动欧洲的蚕桑养殖技术

19世纪30年代，有人把它摘译成了法文之后，不同文版的摘译本便在欧洲流行开来，对欧洲的社会生产和科学研究都产生过许多重要的影响。1837年，法国汉学家儒莲把《授时通考》的“蚕桑篇”，《天工开物·乃服》的论蚕

桑部分译成了法文，并以《蚕桑辑要》的书名刊载，马上就轰动了整个欧洲，当年就被译成了意大利文和德文出版，第二年又转译成了英文和俄文。

当时欧洲的蚕桑养殖技术已有了一定发展，但因防治蚕病的经验不足而引起了生丝大量减产。《天工开物》和《授时通考》则为之提供了一整套关于养蚕、防治蚕病的完整经验，对欧洲蚕业产生了很大的影响。著名生物学家达尔文还把中国养蚕技术中的有关内容作为人工选择、生物进化的一个重要例证，并称之为“权威著作”。

旷世巨作

据不完全统计，截至1989年，《天工开物》一书在全世界发行了16个版本，印刷了38次之多。其中，国内（包括大陆和台湾）发行11版，印刷17次；日本发行4版，印刷20次；欧美发行1版，印刷1次。这些国外的版本包括两个汉籍和刻本，两个日文全译本，以及两个英文本。而法文、德文、俄文、意大利文等的摘译本尚未统计入内。《天工开物》一书长期畅销不衰，这在古代科技著作中是十分罕见的。

《天工开物》已经成为世界科学经典著作在各国流传，宋应星及其旷世巨作受到高度评价：日本的三枝博音将《天工开物》视为“中国有代表性的技术书”，英国的李约瑟将《天工开物》与西方文艺复兴时期的技术经典著作——阿格里科拉的《矿冶全书》相比，称宋应星是“中国的阿格里科拉”。《天工开物》无论是在中国还是在世界的科学文化史中，都占有光荣的一席！

关于作者

李劲松，1965年生人，陕西岐山人氏。1986年毕业于北京化工学院（今北京化工大学）高分子系，现为中国科学院自然科学史研究所高级工程师，中国传统工艺研究会副秘书长。

研究领域为中国古代技术史、教育史，近年来研究兴趣集中在传统工艺的调查研究方向。发表过《从制作工艺看茶叶的演进和分类》《侗族斜织机考察及研究》《食用植物油传统制作技艺的历史回顾与现状》等论文；编撰出版了《中国手工艺》《中华百工》《黔桂衣食》，及国家“九五”重点图书出版项目《中国传统工艺全集·农畜矿产品加工》等论著。

关于本系列

“少儿万有经典文库”是专为8—14岁少年儿童量身定制的一套经典书系，本书系拥抱经典，面向未来，遴选全球对人类社会进程具有重大影响的自然科学和社会科学经典著作，邀请各研究领域颇有建树和极具影响力的专家、学者、教授，参照少年儿童的阅读特点和接受习惯，将其编写为适合他们阅读的少儿版，佐以数百幅生动活泼的手绘插图，让这些启迪过万千读者的经典著作成为让儿童走进经典的优质读本，帮助初涉人世的少年儿童搭建扎实的知识框架，开启广博的思想视野，帮助他们从少年时代起发现兴趣，开启心智，追寻梦想，从经典的原点出发，迈向广袤的人生。

本系列图书

《物种起源（少儿彩绘版）》

《天演论（少儿彩绘版）》

《国富论（少儿彩绘版）》

《山海经（少儿彩绘版）》

《本草纲目（少儿彩绘版）》

《资本论（少儿彩绘版）》

《自然史（少儿彩绘版）》

《天工开物（少儿彩绘版）》

《共产党宣言（少儿彩绘版）》

《天体运行论（少儿彩绘版）》

《几何原本（少儿彩绘版）》

《九章算术（少儿彩绘版）》

《化学基础论（少儿彩绘版）》

即将出版

《梦溪笔谈（少儿彩绘版）》《乡土中国（少儿彩绘版）》《徐霞客游记（少儿彩绘版）》